本书编委会

主编：王　津

编委：岳　昆　张　有　贺康建

　　　刘松岩　杨旭涛　汤智文

文科版

人工智能通识教程

General Course of Artificial Intelligence

王 津 主编

云南大学出版社
YUNNAN UNIVERSITY PRESS

·昆明·

图书在版编目（CIP）数据

人工智能通识教程 ：文科版 / 王津主编. -- 昆明 ：云南大学出版社，2025. -- ISBN 978-7-5482-5574-1

Ⅰ. TP18

中国国家版本馆CIP数据核字第2025NM2546号

策划编辑：陈　曦
责任编辑：谭丽娜
封面设计：刘　雨

文科版

人工智能通识教程

RENGONGZHINENG TONGSHI JIAOCHENG
(WENKEBAN)

主编　王　津

出版发行：云南大学出版社
印　　装：昆明理煋印务有限公司
开　　本：787mm × 1092mm　1/16
印　　张：11.5
字　　数：195千字
版　　次：2025年8月第1版
印　　次：2025年8月第1次印刷
书　　号：ISBN 978-7-5482-5574-1
定　　价：49.00元

社　　址：云南省昆明市一二一大街182号（云南大学东陆校区英华园内）
邮　　编：650091
电　　话：（0871）65031070　65033244　65031071
网　　址：http://www. ynup. com
E-mail：market@ynup. com

若发现本书有印装质量问题，请与出版社联系调换，联系电话：0871-65031057。

前 言

在人类文明演进的长河中，技术革命始终是推动社会变革的核心动力。蒸汽机的轰鸣开启了工业时代，互联网的普及重塑了信息社会，如今人工智能的崛起正以更深刻的维度重构人类认知与实践的边界。这场由算法驱动的变革，不仅改变了人类的生产方式与生活形态，更在哲学层面挑战着人类对“智能”“创造”和“伦理”的传统定义。

对于社会科学领域的学习者而言，人工智能绝非遥不可及的技术神话，而是正在重塑政治决策、法律实践、经济运行与文化生产的现实力量。这种渗透性与变革力，使得掌握人工智能的基础知识、理解其运作逻辑与社会影响，成为当代社会科学研究者与实践者不可或缺的素养。《人工智能通识教程（文科版）》的编撰，正是基于这一深刻认知：旨在为社会科学背景的入门者，提供一把兼具技术洞察与人文关怀的认知钥匙。力求突破技术壁垒，又不回避其本质；立足人文社科视角，最终致力于架设一座连接严谨技术逻辑与广阔社会科学的坚实桥梁。本书针对文科生认知特点与需求构建知识体系，聚焦人工智能领域基础性、经典性原理与核心概念，奠定坚实的认知基础。强调知识点及其与社会、伦理、专业情境的多维整合，避免技术理解的碎片化。平衡理论阐释与实践导向，促进知行互鉴。旨在使学生系统把握人工智能脉络、范式与前沿，理解技术原理、影响边界；初步掌握人工智能思维识别技术、分析专业问题；培养跨学科视野与智能时代综合创新的能力。

全书以“基础—技术—应用”为纵向主线，以“人文社科视角”为横向坐标，构建立体化的知识体系；针对经典技术，从概念、方法和应用三个方面进行介绍。全书包括 9 章内容：

第 1 章：人工智能概述。介绍人工智能核心目标、研究领域、分类、学科关系和发展历程，以及人工智能伦理的问题与风险、指南与原则、解决路径与评估方法。

第 2 章：人工智能基础。介绍最优化问题的概念，搜索、分类、回归、聚类的基本思想和经典方法。

第 3 章：深度学习。介绍人工神经网络的基本原理、深度学习的基本概念，以及经典的深度神经网络模型。

第 4 章：自然语言理解。介绍文本的表示和语法与句法的分析方法，以及经典的自然语言理解的模型架构和相关应用。

第 5 章：自然语言生成。介绍自然语言生成的基本模型和相关应用。

第 6 章：大模型。介绍大模型的发展历程和基本原理、提示工程的基本思想和技术体系，以及大模型的典型应用。

第 7 章：知识图谱。介绍知识图谱的发展历史和体系结构，以及知识存储、表示和抽取的基本概念和基本方法。

第 8 章：计算机视觉。介绍图像预处理、图像识别、目标检测的概念、方法和代表性技术。

第 9 章：人工智能行业应用。介绍人工智能技术针对政治学、文学、经济学、法学等场景需求和落地的问题建模、技术实施和结果展示。

为促进深度学习和能力转化，各章均精心设计了与核心知识点紧密呼应的思考题，启发批判性思维与知识迁移。同时，本书配套提供了丰富的在线实践操作资源，供读者动手实践，巩固所学。本书还附有详细的课程教学大纲和教学课件，力求为教师授课与学生自学提供有力支撑。

本书凝聚了众多专家学者的智慧与心血。在此，由衷感谢云南大学的吴涧教授、张志明教授、张学杰教授、覃渝研究员在策划与编写过程中提出的极具洞见的宝贵意见与建议。云南大学出版社社长包崇许，以及策划编辑陈曦为本书的编辑出版倾注了大量心血，给予了专业的指导与鼎力支持，在此深表谢忱。云南大学信息学院为编写工作提供了优越的环境，王津老师、张有老师、贺康建老师、汤智文老师、刘松岩老师、杨旭涛老师以及 10 余位研究生同学，在资料整理、技术验证、文稿校核等方面提供了诸多不可或缺的帮助，他们的付出是本书得以顺利完成的重要保障。谨向所有关心、支持本书编撰工作的同仁致以最诚挚的感谢。

囿于编者的学识与视野，书中对某些概念的理解、技术的阐述或观点的表达难免存在疏漏与不足之处，敬请专家和读者给予批评指正，使本书得以修订完善、不断提升品质。

编者

2025 年 7 月

目 录
CONTENTS

1 人工智能概述

人工智能（Artificial Intelligence, AI）是新一轮科技革命和产业变革的重要驱动力量，是研究、开发用于模拟、延伸和扩展人的智能的理论、方法及应用系统的一门新兴技术科学。人工智能的研究领域和应用场景广泛，涵盖了语言理解、问题解决、学习、认知和决策等多个方面，横跨了从日常生活到工业生产的诸多领域，融合了计算机科学、数学、心理学、神经科学、语言学、工程学、哲学、经济学等多个学科的知识和方法，旨在利用算法和数据构建能够表现出人类智能的系统，使计算机能够以类似于人类的方式思考、学习、解决问题，并执行复杂的任务。人工智能正在从技术探索迈入规模化应用，已成为当前国际竞争的关键领域。人工智能技术不仅将成为工业、农业和服务业全面智能化的驱动引擎，还将在日常生活的各个方面产生深远影响。本章介绍人工智能的概念和发展历程，以及人工智能伦理的概念、挑战和存在问题的解决路径。

1.1 人工智能概念

1.1.1 人工智能核心目标

人工智能的研究目标是通过模拟人类智能，使计算机系统具备以下能力：

①**语言理解：**使计算机系统能够理解和生成自然语言，包括词汇匹配、语义分析、上下文理解和情感识别。例如，当代自然语言处理技术已经能够理解复杂的句子结构，并在多语言环境中进行翻译。

②问题解决：使计算机系统能够通过逻辑推理和数据分析解决复杂问题。不仅限于求解数学问题，还可参与商业、工程和科学中的复杂决策过程。例如，人工智能可以通过分析大量数据，从而帮助企业优化供应链管理或预测市场趋势。

③学习：使计算机系统能够从数据中自主学习和改进，是人工智能的核心。通过不断进行数据输入和反馈，人工智能可以逐步提高其性能和准确性。例如，推荐系统通过分析用户的历史行为，为用户提供个性化的内容推荐。

④认知：使计算机系统能够感知和理解环境，人工智能可以像人类一样感知周围的世界，并做出相应的反应。例如，自动驾驶汽车通过摄像头和传感器感知道路情况，并做出驾驶决策。

⑤决策：使计算机系统能够基于数据和规则做出智能决策，这不仅依赖于数据分析，还需要结合逻辑推理和预测模型。例如，在金融领域，人工智能通过分析市场数据做出投资决策。

1.1.2 人工智能研究领域

人工智能具有非常广泛的研究领域，应用于多个“智慧+”场景，主要涵盖：

①机器学习（Machine Learning）：人工智能的核心技术之一，旨在通过数据训练模型，使计算机能够自主学习和改进。机器学习算法包括监督学习、无监督学习和强化学习等。监督学习通过标注数据进行模型训练，无监督学习通过未标注数据进行模式识别。强化学习是一种通过试错和奖励机制进行学习的方法，广泛应用于游戏、机器人控制和自动驾驶等领域，如强化学习算法可以通过不断试错和反馈，优化机器人的控制策略。

②自然语言处理（Natural Language Processing）：人工智能的一个重要领域，旨在使计算机能够理解、生成和处理人类语言。自然语言处理技术包括文本分类、情感分析、机器翻译和问答系统等。例如，现代语言模型能够生成高质量的文本内容，甚至能够进行创作和编辑。

③计算机视觉（Computer Vision）：人工智能的另一个重要分支，旨在使计算机能够理解和分析图像和视频内容。计算机视觉技术包括图像分类、目标检测、图像分割和图像生成等。例如，计算机视觉技术可以用于自动驾驶汽车的环境感知

和安防监控。

④**智能机器人**（Intelligent Robot）：结合了人工智能技术和机器人技术，旨在开发能够自主执行任务的机器人。例如，工业机器人可以在生产线上执行精确的装配任务，而服务机器人可以在酒店和医院中提供客户服务。

⑤**深度学习**（Deep Learning）：机器学习的一个分支，通过使用多层神经网络进行特征学习并解决复杂问题，在计算机视觉、自然语言处理和语音识别等领域取得了显著成果。例如，深度学习模型通过分析大量的医学影像，帮助医生诊断疾病。

⑥**知识工程与推理**（Knowledge Engineering & Reasoning）：专注于构建和维护能够模拟人类专家解决问题能力的知识系统，其核心目标是通过结构化表示现实世界知识，并赋予机器类人推理能力。典型技术包括将海量数据转化为关联网络的知识图谱，以及基于规则推理的专家系统。该领域还致力于突破传统统计分析的局限性，通过因果推断技术揭示变量间的内在关系。例如，在实际中为智能搜索引擎和企业决策大脑等应用提供支撑，解决金融风控和法律条文解析等依赖相关领域知识的复杂问题。

⑦**伦理与安全**（AI Ethics & Safety）：保障技术可控性、可持续性的关键研究方向，其首要任务是消除算法偏见、确保技术应用的公平性。在可解释性方面，多项技术被用于破解深度学习模型的“黑箱”决策逻辑，以满足医疗诊断和司法量刑等场景的透明度要求。例如，在对抗安全方面聚焦防御恶意攻击，针对自动驾驶系统的对抗样本欺骗，通过对抗训练提升模型鲁棒性。

1.1.3 人工智能分类

人工智能作为一个复杂而多元的领域，按照技术、任务、目标、范围等不同维度可以分为不同的类别。本节从这些不同的分类标准出发，介绍人工智能的多样性及其在实际应用中的体现。

(1) 按计算机能力分类

①**弱人工智能**（Weak AI）：计算机只能在特定任务上表现出智能，但无法理解人类智慧的通用性，通常专注于语音识别、图像识别或自然语言处理等某一特定

领域。弱人工智能通过大量数据的训练，能够在特定任务上达到甚至超过人类的水平，但无法像人类一样进行跨领域的推理和学习。

②**强人工智能**（Strong AI）：计算机能够完成任何人类智慧所能完成的任务，并且能够理解人类智慧的本质，具有通用性，能够像人类一样进行推理、学习和创造。强人工智能的实现将彻底改变人类社会的运作方式，但其发展也面临着伦理和技术上的巨大挑战。

（2）按学习方式分类

①**监督学习**（Supervised Learning）：通过预先提供标注好的训练数据，让计算机学习输入与输出之间的映射关系，在图像识别和语音识别等领域得到了广泛应用。

②**无监督学习**（Unsupervised Learning）：不依赖预先标注的数据，而是通过数据本身的结构和分布来发现隐藏的模式，在聚类分析和异常检测等领域有重要应用。

③**半监督学习**（Semi-supervised Learning）：结合了监督学习和无监督学习的特点，通过少量标注数据和大量未标注数据进行训练，在数据标注成本较高的场景中具有显著优势。

（3）按技术方法分类

①**机器学习**：人工智能的核心技术之一，通过从数据中学习得到模型，并使用模型完成预测或分类任务，包括监督学习、无监督学习、半监督学习和强化学习等多种方法。

②**自然语言处理**：研究如何让计算机系统理解、生成和处理人类语言。近年来，随着深度学习技术的发展，自然语言处理取得了显著进展。

③**计算机视觉**：研究如何让计算机系统从图像、视频等视觉输入中提取有意义的信息，并据此进行决策或提供建议，包括图像识别、目标检测、图像分割和图像生成等。

④**语音识别**：研究如何让计算机系统识别和转换人类语音，包括语音助手和声纹验证等典型任务。近年来，深度学习技术的应用使语音识别的准确率大幅提升。

⑤**机器人技术**：研究如何让机器人执行复杂的任务（如操作、导航和完成物理

任务）。随着人工智能和机器人技术的不断发展及紧密结合，智能机器人将在工业生产、医疗卫生、交通运输等各种领域得到更广泛的应用。

⑥**智能控制：**研究如何让计算机自动控制复杂的系统（如机器人、航空器和工业过程），通常结合了机器学习、优化算法和控制系统。

（4）按任务类型分类

①**推理型人工智能：**以推理为主要任务，通过知识推理来解决问题，通常结合了逻辑推理和知识表示。例如，医疗诊断系统通过推理患者的症状和病史进行诊断，智能客服系统通过推理用户问题提供答案。

②**学习型人工智能：**以学习为主要任务，通过对数据的学习来实现人工智能的目标，通常结合了机器学习和深度学习技术。例如，大语言模型通过学习大量文本数据生成自然语言文本，图像识别模型通过学习大量图像数据实现高精度的图像分类。

③**控制型人工智能：**以控制为主要任务，控制着机器人、智能系统或其他设备的行为，通常结合了强化学习和控制系统。例如，自动驾驶汽车通过智能算法实现车辆的自主驾驶，智能机器人通过控制算法实现机器人的自主操作。

④**创造型人工智能：**以创造为主要任务，通过创造新的知识和产品来实现人工智能的目标，基于生成对抗网络、Transformer架构、扩散模型等生成文本、图片、声音、视频、代码等内容，包括AI绘画、音乐创作、新闻生成、文案创作等。

（5）按目标分类

①**应用型人工智能：**以实现特定的应用场景，如图像识别、语音识别、机器翻译等为目标，这些系统通常专注于某一特定领域的任务，并通过大量数据的训练来优化性能。

②**研究型人工智能：**以研究人工智能的理论、模型和技术，如深度学习、强化学习、模式识别、计算机视觉等为目标，帮助人们更好地理解人工智能，并为未来的应用提供理论和技术基础。

（6）按范围分类

①**基于规则的人工智能：**通过明确定义规则来实现智能，通常用于简单的决策系统。例如，医疗专家系统通过预定义的规则进行疾病诊断，税务审计系统通过规

则判断税务申报是否合规。

②**基于知识的人工智能**：通过学习来推导知识，并能够根据知识进行推理，通常结合了机器学习和知识图谱技术。例如，智能问答系统通过知识图谱回答用户问题，智能推荐系统通过用户行为数据推导用户偏好。

1.1.4 人工智能学科关系

人工智能的发展，已成为在当今数字化时代多学科交叉融合的典范，相关学科关系如图 1.1 所示。人工智能核心支撑源于计算机科学与数学的深度融合，计算机科学通过算法设计、分布式计算和系统架构，为机器学习与高性能模型训练提供驱动力；数学则通过线性代数、概率论和优化理论，构建了人工智能模型的理论基础与计算框架。神经科学和心理学从生物认知维度注入灵感，神经科学对人脑机制的研究启发了卷积神经网络、注意力机制和强化学习等核心算法，心理学则通过认知模型与情感计算理论优化人机交互设计，使人工智能系统更贴近人类思维与情感响应。

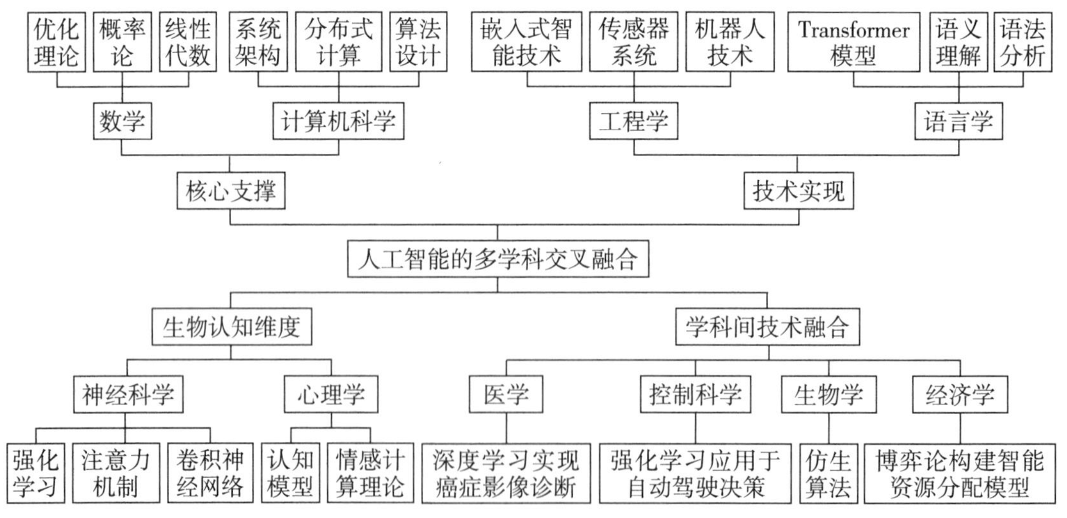

图 1.1 人工智能学科关系

在技术实现层面，语言学为自然语言处理奠定了语法分析与语义理解的基础，推动了Transformer等模型的技术突破；工程学通过机器人技术、传感器系统和嵌入式智能技术，将人工智能理论转化为可落地应用。学科间的技术融合呈现出多样化的路径，例如，生物学通过仿生算法优化系统设计，控制科学将强化学习应用于自动驾驶决策，医学利用深度学习实现癌症影像的诊断，经济学则借助博弈论构建智能资源分配模型。

人工智能的应用体系可划分为基础层、感知层和决策层，形成从数据感知到智能决策的完整链条。基础层包括数学建模与算力架构，感知层涵盖计算机视觉与多模态语言处理，决策层涉及机器人控制与金融预测。同时，人工智能的发展也引发了哲学与社会层面的深度思考，在伦理框架中需平衡算法公平性与隐私保护，在社会影响层面需预判就业结构变革并设计智慧城市中的人机协作模式。这种跨学科特性不仅推动了技术进步，更要求技术发展与人类社会价值形成动态平衡，彰显了人工智能作为通用技术对文明演进的多维度塑造力。

1.2 人工智能发展历程

人工智能已成为当前全球关注的焦点，正在深刻地改变我们的生活和工作方式，其发展历程丰富而曲折，经历了多次兴衰起伏，如图 1.2 所示。

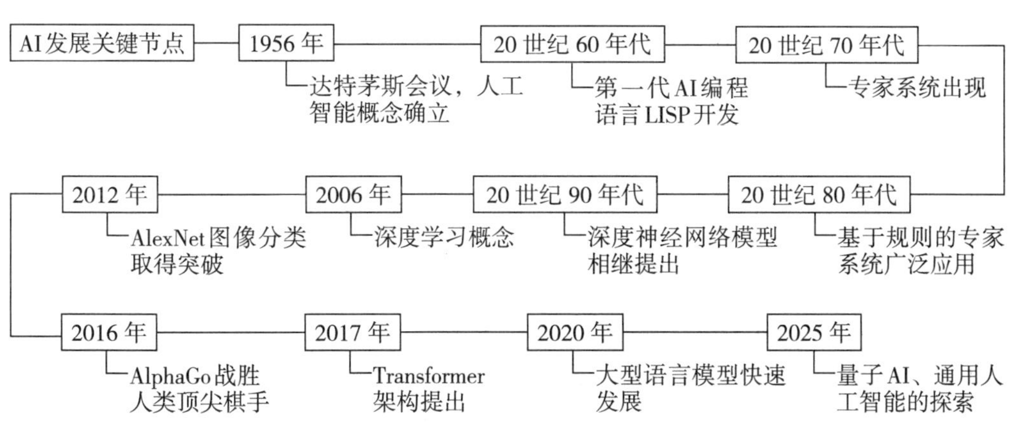

图 1.2 人工智能的发展历程

人工智能的萌芽可追溯至 20 世纪中叶，这一时期以哲学思辨与技术突破为特征。1950 年，英国数学家艾伦·图灵在《计算机器与智能》中提出“图灵测试”，为机器智能的判定确立了首个科学标准。1956年，达特茅斯会议正式将“人工智能”确立为独立学科，约翰·麦卡锡和马文·明斯基等学者提出了“让机器模拟人类智能”的目标。人工智能的早期研究以符号主义为核心，纽厄尔与西蒙开发的“逻辑理论家”程序首次实现数学定理的自动证明。1958年诞生的LISP语言成为首个专为人工智能设计的编程语言，其符号处理特性为专家系统开发奠定了基础。这一时期的人工智能应用充满理想主义色彩。例如，1966年约瑟夫·魏泽堡开发的ELIZA聊天机器人通过模式匹配技术模拟心理咨询；1968年斯坦福研究所的Shakey机器人整合视觉传感器与路径规划算法，首次实现自主环境导航。然而，早期计算机运算能力有限，符号系统在物理推理测试中频频失败，明斯基提出的“框架问题”揭示了符号主义在常识表达上的缺陷，而1966年美国政府发布的ALPAC报告则指出，机器翻译的高错误率，使人工智能首次进入“寒冬”。

1973年英国数学家詹姆斯·莱特希尔的评估报告指出，符号系统在现实场景中的表现远低于预期，导致美国国防部高级研究计划局大幅削减资助。20世纪70年代的人工智能“寒冬”成为学科发展的重要转折点，催生了技术创新。80年代专家系统的崛起开辟了新的路径。例如，斯坦福大学开发的MYCIN系统通过500条医学规则实现血液感染诊断，准确率与人类专家相当。与此同时，连接主义逐渐挑战符号主义的主导地位。1982年约翰·霍普菲尔德提出新型神经网络模型，解决了旅行商问题等组合优化难题；1986年杰弗里·辛顿公布反向传播算法，突破了多层神经网络训练的技术壁垒。至90年代，算法呈现多元化发展。1995年弗拉基米尔·万普尼克提出的支持向量机在文本分类任务中超越神经网络；1998年Yann LeCun实现的卷积神经网络，已能准确识别银行支票手写数字；1997年赫伯特·施米特胡伯和尤尔根·施米特胡伯提出的长短时记忆网络被广泛应用于时间序列预测、自然语言处理等领域。

随着互联网技术的快速普及、数据采集和存储技术的迅速发展，计算机科学由“以计算为中心”发展到“以数据为中心”，大数据为人工智能提供了丰富的资源，数据洪流彻底重塑了人工智能的发展轨迹，人工智能也成为大数据分析的核心引擎。2004年，MapReduce启发了Hadoop开源分布式计算框架，使PB级数据处理成为可能；2009年，ImageNet数据集推动了计算机视觉技术的发展。2012年，AlexNet

在ImageNet数据集上取得最佳结果，其采用的GPU并行训练策略使神经网络层数首次突破8层，标志着深度学习在图像分类领域的重大突破。2017年，Transformer模型通过自注意力机制突破了序列建模的时空限制；2018年，BERT模型在11项自然语言任务中刷新纪录，预示预训练大模型时代的到来。深度学习技术在多领域实现爆发式应用。例如，2020年DeepMind的AlphaFold 2在蛋白质结构预测竞赛中达到92.4%的准确率；特斯拉Autopilot系统通过100万辆车的实时数据迭代，使自动驾驶事故率降低40%；GPT-3模型凭借1750亿参数实现复杂创作，展现了生成式人工智能（Generative AI）的潜力。

当前，人工智能正经历从专用到通用的范式迁移。2023年发布的GPT-4模型通过思维链（Chain of Thought）技术实现多步骤数学推理，并在考试中取得优异成绩。量子计算为人工智能注入新动能。例如，中国“九章”光量子计算机在特定任务上实现了传统超算需6亿年才能完成的计算。具身智能（Embodied Intelligence）领域取得显著进展。例如，宇树科技的智能机器人已能完成各项高难度动作，特斯拉的Optimus Gen-2已能操作精密仪器，标志着机器与物理世界交互能力的飞跃。

人工智能的发展历经70余年，始终沿着“理论构想—硬件支撑—算法创新—场景落地”主线不断演进。从早期的符号主义到如今以深度学习为代表，算法的持续革新、算力的指数级提升、数据处理能力的飞跃，推动人工智能从专用领域迈向通用智能。关注应用、构建模型、收集数据、系统实现，成为当代人工智能不可或缺的四个要素。在这一过程中，人工智能已超越传统工具的范畴，开始深刻影响人类的认知模式与技术伦理，不仅改变了人们对世界的理解，也在重塑社会规则与价值体系。

1.3 人工智能伦理

随着人工智能的广泛应用，一系列伦理问题也日益凸显，引发了全球范围内的关注和讨论。这些问题不仅关系到个人权利和社会公平，还涉及人类的未来发展方向。因此，探讨人工智能伦理、寻找应对伦理挑战的路径，已成为当今社会亟待解决的重要课题。

1.3.1 人工智能伦理问题与风险

人工智能伦理问题与风险是指人工智能技术在发展和应用过程中，因数据隐私泄露、算法偏见、责任归属不明、技术性失业、超级智能失控及网络犯罪等引发的道德困境和潜在危害。这些问题涉及数据使用、算法公平性、责任界定、社会影响及意识形态等方面，需通过法律法规、技术手段及社会共同努力加以应对。为了更全面地分析人工智能伦理问题，本节将人工智能伦理问题分为个人层面、社会层面、环境层面、人工智能系统生命周期相关这四个部分进行介绍。

（1）个人层面的人工智能伦理问题

个人层面的人工智能伦理问题主要涉及人工智能对个人安全、隐私、自主性和人格尊严的影响，这些问题是人工智能伦理讨论中最受关注的部分，直接关系到每个个体的权利和福祉。

①**个人安全：**自动驾驶汽车的安全事故是个人安全问题的典型案例。自动驾驶技术虽然在理论上可以减少人为错误导致的事故，但技术本身的不完善和外部环境的复杂性可能导致新的风险。例如，自动驾驶系统在面对复杂的交通场景时可能出现决策失误，直接威胁到乘客和行人的生命安全。此外，智能家居设备的安全性也值得关注，如果这些设备被黑客攻击，可能会导致家庭环境的不安全，甚至危及居民的生命。

②**隐私保护：**人工智能系统对个人数据的收集和处理是隐私问题的核心。随着大数据技术的发展，人工智能系统需要大量的个人数据来进行模型训练和优化。然而，这些数据的收集和使用往往缺乏足够的透明度和用户控制。例如，社交媒体平台通过用户的行为数据训练推荐模型，但用户可能并不清楚自己的数据被如何使用，甚至可能在不知情的情况下被用于商业目的。此外，生物识别技术的应用也带来了新的隐私挑战。例如，指纹和面部识别等生物特征数据一旦泄露，将对个人隐私造成不可挽回的损害。

③**自主性和人格尊严：**基于人工智能的决策系统可能限制个人的自主权和人格尊严。例如，在招聘、贷款审批等领域，人工智能技术可能会根据预设标准对个人进行评估和筛选。然而，这些算法可能无法充分考虑个人的独特性和复杂性，从

而导致不公平的决策。此外，过度依赖人工智能系统可能导致人类自主决策能力退化，进一步削弱个人自主性。例如，在医疗领域，人工智能辅助诊断系统虽然可以提高诊断效率，但如果医生过度依赖这些系统，可能会忽视患者的个体差异和主观意愿，从而影响患者的治疗体验和尊严。

（2）社会层面的人工智能伦理问题

社会层面的人工智能伦理问题关注人工智能对群体和社会的影响，不仅涉及公平与正义，还可能对社会的稳定和民主制度产生深远影响。

①**公平与正义：**人工智能算法中的偏见可能导致社会不平等加剧。例如，在司法领域，人工智能算法可能会根据历史数据对犯罪嫌疑人进行风险评估，但这些数据可能本身就存在种族或性别偏见。如果算法未能纠正这些偏见，可能会导致少数族裔或弱势群体受到不公平的对待。在就业市场中，人工智能招聘系统可能会根据候选人的教育背景、工作经验等指标进行筛选，但这些指标可能无法全面反映一个人的能力和潜力，从而导致机会不平等。此外，人工智能技术的应用可能会导致工作岗位构成发生变化，进而扩大贫富差距。例如，自动化技术可能会取代大量的低技能工作岗位，而高技能工作岗位的需求则不断增加，这可能导致贫富差距的扩大。

②**责任与问责：**缺乏透明度的人工智能系统可能引发公众对技术的不信任。当人工智能系统做出错误决策时，很难确定责任的归属。例如，在自动驾驶汽车发生事故时，责任可能涉及汽车制造商、软件开发者、数据提供者等多个主体，在这种情况下，如何明确责任和进行问责是一个亟待解决的问题。此外，人工智能系统的复杂性也增加了问责的难度。例如，深度学习算法的决策过程往往具有难以理解和解释的特点，这使得在出现问题时，很难确定是算法本身的缺陷还是数据质量问题导致的错误。

③**透明度：**透明度是人工智能伦理问题中的一个重要方面，公众有权了解人工智能系统的工作原理和决策依据，然而目前许多人工智能系统缺乏足够的透明度。例如，金融机构使用人工智能算法进行信贷评估，但这些算法的决策过程并未向用户公开，不仅可能导致用户对金融机构的不信任，还可能引发法律纠纷。为了提高透明度，一些研究人员提出了可解释人工智能的概念，旨在开发能够解释其决策过程的人工智能系统。然而，可解释性与系统的性能之间往往存在矛盾，如何在两者

之间取得平衡是一个重要的研究方向。

④**监控与数据化：**大规模监控和数据化可能侵犯公民的基本权利。随着人工智能技术的发展，政府和企业越来越多地利用监控设备和数据分析技术来收集公民的信息。例如，在智能城市的建设中，公共场所安装了大量的摄像头和传感器，用于收集交通流量、环境数据等信息。然而，这些设备也可能被用于监控公民的个人行为，从而侵犯公民的隐私和自由。此外，数据化的趋势也可能导致公民的个人信息被过度收集和滥用。例如，一些公司通过用户的消费行为数据来预测其购买意愿，并进行精准营销。这种行为虽然在一定程度上提高了商业效率，但也可能对公民的自主权造成威胁。

⑤**人工智能的可控性：**人工智能系统的可控性是社会层面的人工智能伦理问题中的一个重要方面。随着人工智能技术的不断发展，其复杂性和自主性也在不断提高。例如，一些高级的人工智能系统可能会根据环境的变化自主调整其行为模式。然而，这种自主性可能会导致系统的不可控性。例如，如果人工智能系统的目标函数被错误设定，或者系统在学习过程中受到恶意数据的影响，可能会导致其行为偏离人类的预期。在这种情况下，如何确保人工智能系统的可控性是一个亟待解决的问题。一些研究人员提出了"价值对齐"的概念，即在设计人工智能系统时确保其目标与人类的价值观一致。然而，如何定义和实现价值对齐仍然是一个开放性问题。

⑥**民主与公民权利：**人工智能技术的发展对民主制度和公民权利产生了深远影响。例如，社交媒体平台上的算法推荐系统可能会影响公众对信息的获取和传播，如果这些算法被恶意利用，可能导致虚假信息的传播，从而影响公众的判断和决策。此外，人工智能技术也可能被用于操纵选举。例如，通过分析选民的行为数据，预测其投票意愿，并进行有针对性的宣传，这种行为不仅违反了民主原则，还可能对社会稳定造成威胁。为了保护公民权利和民主制度，需要加强对人工智能技术的监管和规范。

⑦**工作替代：**人工智能技术的应用可能会导致大量工作岗位的消失。例如，自动化技术可能会取代许多低技能的制造业和服务业工作岗位，这不仅会导致失业率上升，还可能引发社会不稳定。为了应对这一挑战，需要加强对劳动力的再培训和教育，帮助他们适应新的就业环境。此外，政府部门也需要制定相应政策，以缓解

人工智能技术对就业市场的冲击。

（3）环境层面的人工智能伦理问题

环境层面的人工智能伦理问题关注人工智能技术对自然环境的影响。随着人工智能系统的广泛应用，其对环境的影响逐渐受到关注。

①**能源消耗与资源利用：**人工智能系统的广泛应用需要大量的硬件设备和能源支持。例如，数据中心是人工智能系统运行的基础，但其能源消耗巨大。据统计，全球数据中心的能源消耗占全球总能源消耗的一定比例，且这一比例还在不断上升。此外，人工智能系统的训练过程也需要大量的计算资源，这进一步增加了能源消耗。为了减少对环境的影响，需要开发更加节能的硬件设备并优化算法，以降低人工智能系统的能源消耗。

②**环境污染：**人工智能技术的发展也可能导致环境污染。随着人工智能系统的不断升级，电子垃圾是人工智能硬件设备更新换代的必然产物，大量被废弃的旧设备中含有大量的有害物质，如果处理不当，可能会对环境造成严重污染。此外，数据中心的冷却系统也需要大量的水资源，这可能会导致水资源的浪费和污染。

③**可持续性：**人工智能技术的发展需要考虑其可持续性，以确保其对环境的影响最小化。例如，在设计人工智能系统时，需要考虑其生命周期的环境影响，从硬件制造到系统运行、再到设备废弃处理，都需要采取环保措施。此外，人工智能技术也可以用于环境监测和资源管理，帮助人类更好地保护地球生态系统。例如，通过人工智能算法对气候变化数据进行分析，可以为应对气候变化提供科学依据。

（4）人工智能系统生命周期相关的伦理问题

人工智能系统的生命周期包括业务分析、数据工程、机器学习建模、模型部署、运作和监控等阶段，每个阶段都可能引发特定的伦理问题。

①**业务分析：**业务分析阶段需要明确人工智能系统的应用场景和目标，这一阶段可能会出现目标设定不合理的问题。例如，如果目标函数设定错误，可能会导致系统在运行过程中偏离人类的预期。此外，业务分析阶段还需要考虑系统的社会影响和环境影响，如果在这一阶段未能充分评估这些影响，可能会导致后续阶段出现严重的伦理问题。

②**数据工程：**数据工程阶段是人工智能系统生命周期中的关键环节，这一阶段

中数据的收集和处理可能导致隐私泄露。例如，数据收集过程中可能会收集到用户的敏感信息，如果这些信息被泄露，将对用户的隐私造成严重威胁。此外，数据的质量和代表性也会影响人工智能系统的性能，如果数据存在偏差或不完整，可能会导致系统的决策不准确。因此，在数据工程阶段需要加强数据管理和隐私保护措施。

③**机器学习建模：**在机器学习建模阶段，算法的选择和训练过程可能会引入偏见。例如，一些算法可能对某些群体或特征存在歧视性，从而导致不公平的决策。此外，模型的复杂性也可能导致其难以解释。例如，深度学习模型的决策过程往往是“黑箱”，难以理解和解释，这不仅会影响系统的透明度，还可能引发公众对技术的不信任。

④**模型部署：**在模型部署阶段，算法的偏见可能影响决策的公平性。例如，在金融和医疗等领域，人工智能系统的决策可能会直接影响到个人的利益，如果这些系统存在偏见，可能会导致不公平的结果。此外，模型部署阶段还需要考虑系统的安全性和可控性。例如，如果系统被黑客攻击，可能会导致严重的后果。

⑤**运作和监控：**在运作和监控阶段，需要对人工智能系统的运行情况进行实时监控，以确保其正常运行，在这一过程中可能会出现监控不足或过度监控的问题。例如，如果监控不足，可能会导致系统出现故障或偏差而未能及时发现，而过度监控则可能侵犯用户的隐私。此外，在运作和监控阶段还需要考虑系统的更新和维护。例如，人工智能系统需要不断更新以适应新的环境和需求，以避免更新过程中出现问题导致系统的不稳定。

1.3.2 人工智能伦理指南与原则

（1）伦理指南文件

随着人工智能伦理问题的日益突出，全球范围内的公司、组织和政府相继发布了伦理指南文件，以规范人工智能的开发和应用。这些指南文件为人工智能的规划、开发、生产和使用提供了重要的指导。

2021 年，联合国教科文组织通过了《人工智能伦理建议书》，这是全球首个关于人工智能伦理的国际协议。2025 年 2 月 11 日，61 个国家签署了《巴黎人工智能宣言》，围绕“开放”“包容”和“道德”三大原则，旨在加强对人工智能治理的协调，并倡导全球对话。此外，2025 年 2 月 4 日，欧盟发布了《欧盟委员会关于禁止人工智能系统实践的指南》，对被禁止的人工智能类型进行了详细说明。2025 年 2 月 11 日，可持续 AI 联盟在巴黎人工智能行动峰会上正式成立，百度、IBM、英伟达、微软、谷歌等 30 余家知名企业宣布加盟，该联盟将重点关注环境足迹管理和人工智能促进环境可持续发展的路径。

中国在人工智能伦理治理方面也取得了显著进展。百度在 2018 年提出“AI 伦理四原则”，包括人工智能的最高原则“安全可控”，以及人工智能的创新愿景——“促进人类更平等地获取技术和能力”等价值观念，并于 2023 年成立科技伦理委员会，推出切实履行科技伦理管理主体责任、支持人工智能造福社会经济发展的举措。中国科学院自动化研究所等单位在 2025 年联合发布了全球人工智能安全指数，旨在衡量各国在人工智能安全方面的整体状况。国家新一代人工智能治理专业委员会 2019 年发布了《新一代人工智能治理原则——发展负责任的人工智能》，强调和谐友好、公平公正、包容共享、尊重隐私、安全可控、共担责任、开放协作、敏捷治理等原则，提出了人工智能治理的框架和行动指南。国家新一代人工智能治理专业委员会于 2021 年发布《新一代人工智能伦理规范》，旨在将伦理道德融入人工智能全生命周期，为从事人工智能相关活动的自然人、法人和其他相关机构等提供伦理指引，提出了增进人类福祉、促进公平公正、保护隐私安全、确保可控可信、强化责任担当、提升伦理素养等基本伦理要求，以及人工智能管理、研发、供应、使用等特定活动的具体伦理要求。

（2）伦理原则

通过对以上人工智能伦理指南文件的分析，可以总结出透明度、公正和公平、非恶意、责任和问责、隐私、可持续性、教育等伦理原则，为人工智能系统的开发和应用提供了基本的伦理框架。

①**透明度原则：**要求人工智能系统的决策过程必须可解释。例如，人工智能系统的决策逻辑应能够被用户理解，以增强公众对技术的信任。此外，透明度还包括对人工智能系统的开发、部署和使用过程的公开性，确保公众能够监督技术的应用。

②**公正和公平原则：**要求人工智能系统不能对特定群体产生歧视。例如，算法设计应避免因数据集偏差而导致的不公平结果。人工智能技术也应具有普惠性和包

容性，确保不同背景的人都能受益。

③**非恶意原则：**要求人工智能技术的开发和应用应以增进人类福祉为目标，避免对人类造成伤害。例如，人工智能技术应被用于促进公共利益，而不是被用于武器研发或监控。

④**责任和问责原则：**要求明确人工智能系统的责任主体。例如，即使人工智能系统具有一定的自主决策能力，人类仍应对其行为负责。此外，建立问责机制是确保技术安全和合规的重要手段。

⑤**隐私原则：**要求保护用户的个人数据。例如，人工智能系统在收集和处理数据时，必须遵循合法、正当、必要的原则，防止数据泄露和滥用。此外，用户应有权控制自己的数据，并了解数据的使用方式。

⑥**可持续性原则：**要求人工智能技术的发展应考虑对环境的影响。例如，人工智能系统的开发和应用应减少碳足迹、优化能源效率；技术发展应支持绿色科技，推动可持续发展目标的实现。

⑦**教育原则：**要求通过教育提高公众对人工智能的理解水平，培养公众的批判性思维能力。这不仅有助于公众识别潜在风险和机会，还能推动社会各界参与人工智能伦理问题的讨论。

1.3.3 人工智能伦理问题解决路径

如何在确保安全的同时促进人工智能健康发展，已成为全球人工智能发展的核心议题。人工智能伦理问题的解决，可从多个角度入手，包括技术改进、法律法规制定、行业自律和社会教育等方面。

(1) 伦理方法

伦理方法致力于在人工智能系统中嵌入伦理道德，使人工智能能够根据伦理理论进行推理和决策。这类方法的核心在于将伦理原则融入人工智能的设计和开发过程中，确保其行为符合伦理要求，主要包括自上而下的方法、自下而上的方法和混合方法。

①**自上而下的方法：**从伦理理论出发，将普遍的伦理原则直接嵌入特定人工智能系统中。例如，将伦理学的原则直接转化为系统的决策规则。这种方法的优点是

理论基础明确，能够提供清晰的伦理指导，缺点是可能过于抽象，难以适应复杂的现实情境。

②**自下而上的方法：**从具体案例出发，通过机器学习和数据驱动的方式让人工智能系统从实际情境中学习伦理行为。例如，通过大量的道德决策案例训练人工智能模型，使其能够根据情境做出合理的伦理判断。这种方法的优点是灵活性高，能够适应多样化的场景，缺点是可能缺乏普遍性，容易受到数据偏差的影响。

③**混合方法：**结合了自上而下和自下而上的优点，既考虑普遍的伦理原则，又结合具体情境进行决策。例如，系统可以在普遍原则的指导下，根据具体案例进行调整和优化。这种方法能够在理论和实践之间取得平衡，是当前研究的重点方向之一。

（2）技术方法

技术方法通过建立新的技术手段来解决人工智能伦理问题。近年来，学界和业界在这一领域取得了显著进展，但仍有许多问题需要进一步研究。

①**可解释机器学习技术：**旨在提高人工智能系统的透明度，使人类能够理解系统的决策过程。例如，通过可视化技术、特征重要性分析，以及模型解释工具，帮助用户理解人工智能系统是如何做出决策的。这种技术对于提高公众对人工智能的信任至关重要，尤其是在医疗、金融和司法等领域。

②**公平机器学习技术：**致力于减少算法偏见，确保人工智能系统不会对特定群体产生歧视。例如，通过数据预处理、算法调整和后处理等方法，消除数据中的偏差，使系统能够做出公平的决策。这种技术对于促进社会公平和正义具有重要意义，尤其是在招聘、信贷审批和司法评估等领域。

③**隐私保护技术：**通过加密、匿名化和差分隐私等方法，保护用户的个人数据不被泄露或滥用。例如，同态加密技术允许在加密数据上直接进行计算，无须解密数据，从而保护数据的隐私性。这种技术对于应对互联网时代人工智能系统中的隐私问题至关重要。

（3）法律方法

法律方法通过制定法律法规来规范人工智能的开发和应用，为人工智能的伦理应用提供法律保障。

①**欧盟《通用数据保护条例》**（General Data Protection Regulation, GDPR）：GDPR是欧盟制定的全球最严格数据保护法规，旨在赋予个人对数据的控制权并规范企业处理行为，不仅要求企业明确告知用户数据的使用方式，还赋予用户数据删除权和访问权。这一法规为人工智能系统的开发和应用提供了明确的法律框架，尤其是在数据隐私保护方面。

②**国家立法**：韩国在2024年底通过《AI基本法》，成为继欧盟之后第二个制定人工智能基本法的国家。美国的一些州也通过了针对人工智能的立法，如加利福尼亚州的《消费者隐私法案》。这些立法旨在保护消费者的隐私和数据安全，规范企业对人工智能技术的应用。

③**国际立法倡议**：国际组织积极推动人工智能的法律框架建设。例如，联合国教科文组织通过的《人工智能伦理建议书》和欧盟的《人工智能法》草案，都为全球范围内的人工智能治理提供了法律指导。

以DeepSeek为代表的生成式人工智能作为数字经济时代的关键技术，已形成规模化应用场景，生成式人工智能的快速发展也引起了人们社会生产生活方式的深刻变革。2023年7月，中国颁布的《生成式人工智能服务管理暂行办法》方向性地划定了生成式人工智能的法律责任边界。但要实现技术创新与法律规制之间的动态平衡、确保生成式人工智能稳健前行，还需对人工智能的主体资格、产权归属、责任认定等进一步进行探索。

1.3.4 人工智能伦理评估方法

人工智能伦理评估的常用方法主要包括测试、验证和标准三类。

（1）测试

测试是评估人工智能系统伦理能力的常用方法，通过比较人工智能系统的输出与预期结果来评估其伦理表现。

①**道德图灵测试**（Moral Turing Test）：借鉴图灵测试的思想，通过评估人工智能系统在道德情境中的表现来判断其伦理能力。例如，系统需要在复杂的道德困境中做出合理的决策，如经典的“电车难题（Trolley Problem）”。

②**专家/非专家测试**：通过邀请伦理专家和普通用户对人工智能系统的伦理表

现进行评估，专家测试侧重于系统的伦理逻辑和决策过程，而非专家测试则关注系统的用户体验和伦理接受度。这类测试方法能够从不同角度评估人工智能系统的伦理能力。

（2）验证

验证方法通过证明人工智能系统根据已知伦理规范正确运行来评估其伦理能力。

①**形式化验证：**通过数学和逻辑方法，对人工智能系统的决策过程进行建模和验证。例如，通过逻辑公式和数学证明，确保系统的输出符合预设的伦理规范。这类方法能够提供严格的伦理保证，但需要较高的技术门槛和复杂的数学工具。

②**模拟验证：**通过构建虚拟环境，测试人工智能系统在不同情境下的伦理表现。例如，通过模拟自动驾驶汽车的复杂交通场景，评估系统在道德困境中的决策能力。这类方法能够提供直观的评估结果，但可能无法覆盖所有可能的情境。

（3）标准

行业标准为人工智能的开发和应用提供了重要的指导，为人工智能的伦理应用提供了重要参考。

①**专业行为准则：**澳大利亚计算机协会（ACS）和美国计算机协会（ACM）等组织制定了专业行为准则，为人工智能开发者和从业者提供了伦理指导。这些准则强调了开发者在技术开发过程中应遵循的伦理原则，如透明度、公平性和隐私保护。

②**国际标准制定：**IEEE和ISO/IEC等国际组织也在制定相关的人工智能标准。例如，IEEE的《人工智能设计伦理准则》和ISO/IEC的《人工智能伦理框架》等标准，为人工智能的开发和应用提供了全面的伦理指导。这些标准不仅涵盖了技术层面的要求，还涉及社会和环境层面的考量。

③**行业自律：**除了国际和国内标准，行业自律也是推动人工智能伦理发展的重要力量。例如，一些科技公司成立伦理委员会，制定内部的伦理规范，确保其产品和服务符合伦理要求。这种自律机制能够快速响应伦理问题，推动行业的健康发展。

人工智能伦理问题的复杂性和多样性要求我们从多个角度进行分析和应对。通过制定伦理指南、明确伦理原则、开发技术解决方案及完善法律法规，可以在推动人工智能技术发展的同时，最大限度地减少其潜在的伦理风险。未来，随着人工智能技术的进一步普及，伦理问题的解决将更加紧迫和重要，需要全球范围内的合作与努力。

思考题

1. 简述机器学习和深度学习的关系，以及它们在技术实现上的区别。

2. 简述自然语言处理和计算机视觉两大应用领域分别面临的技术挑战。

3. 简述监督学习和无监督学习的差异，并分别给出实际应用场景。

4. 列举人工智能发展史上的三个关键里程碑（如达特茅斯会议、AlphaGo战胜人类顶尖棋手等），并说明其意义。简述20世纪70年代和90年代被称为人工智能“寒冬”的原因，以及这些“寒冬”对后续研究的启示。

5. 生成式人工智能可能传播虚假信息或偏见，简述至少两种技术或政策层面的解决方案。

6. “信息茧房”是指人们关注的信息领域会习惯性地被自己的兴趣引导，从而将自己的生活桎梏于像蚕茧一般的“茧房”中的现象。简述算法推荐系统如何加剧“信息茧房”现象，并从个人认知和社会治理角度给出应对措施。

7. 从心理学、法学和计算机科学的交叉视角，分析将人工智能应用到司法判决中可能产生的潜在伦理问题。

2 人工智能基础

现实世界中的数据往往缺乏清晰的标签和规律性，具有高维噪声和非结构化的特点，且动态环境中的时变因素进一步加大了人工智能模型的泛化难度。许多实际问题需要在有限资源约束下平衡多个相互冲突的目标，智能应用的落地往往面临数据的高维与非结构化、动态环境的不确定性，以及多目标优化的权衡难题。融合机器学习和运筹学，最优化（Optimization）对多目标间的权衡进行建模，搜索（Search）实现解空间中的高效导航，分类（Classification）和回归（Regression）实现从数据到预测的映射，聚类（Clustering）揭示数据中的潜在模式。人工智能系统使用最优化、搜索、分类、回归和聚类等方法，构建从数据到决策的桥梁，在动态、模糊、充满不确定性的世界中，为人们解决实际问题提供可用的解决方案。本章介绍最优化、搜索、分类、回归和聚类的基本思想和代表性方法，为后续内容的学习奠定基础。

2.1 最优化问题概述

最优化问题旨在从一组可能的解决方案中找出使某个目标最小化或最大化的最佳方案（如成本、时间或效益等），通常该目标通过数学公式表示为目标函数。最优化问题中设定的限制条件称为约束条件，规定了解决方案的边界或限制。例如，投资组合优化问题中，可能会有资金总额的限制或每项投资的上限。这些约束条件有助于缩小可能的解决方案范围，确保解决方案在实际中的可行性。最终，最优化问题的目标是使目标函数的值在所有符合约束条件的方案中找到一个最优解。

机器学习中的损失函数（Loss Function）用于衡量模型预测结果（如模型计算得到的人的身高）与真实结果（如人的实际身高）之间的差异，其本质是一个数学函数。机器学习中的参数最优化，旨在通过调整模型权重、偏置、网络深度等参数，从而最小化损失函数，在参数空间中高效搜索最优解。主要方法包括：

- 基于种群的方法：通过随机生成一组候选解，计算每个解的损失函数值并衡量其优劣，保留适应度高的解，通过基因交换（交叉）和随机扰动（变异）生成新的解，重复评估、选择、交叉与变异操作，直至满足迭代次数或结果已收敛。

- 基于物理的启发式方法：借鉴物理现象设计搜索策略，随机生成初始解并设定初始能量参数，通过在当前解附近随机扰动而生成新解，并以一定概率接受比当前解更差的解，逐步降低能量参数、减少接受劣解的可能性，直到能量降至阈值或解不再改进时停止。

- 基于模型的优化方法：利用目标函数的数学性构建优化模型并更新参数，重复这一步骤直至损失函数值稳定。

作为机器学习和深度学习模型训练的基础优化方法，梯度下降法（Gradient Descent）通过最小化损失函数，为各类预测模型的参数优化提供了有效的解决方案。下面以梯度下降为代表，介绍损失函数最小化的基本思想。

梯度是损失函数相对于模型参数的变化率，表示损失函数在当前点上的变化，简单来说，如果梯度指向某个方向，意味着按照这个方向调整参数，损失会降低，模型也会变得更好。例如，如果图像分类模型把一只猫错误分类为狗，梯度会指导模型调整参数以更接近猫的分类。因此，应选择一个使得损失函数减小的方向，逐步调整模型的参数，直到找到最优解。

梯度下降法通过迭代更新参数来最小化损失函数，核心思想是沿着损失函数梯度的反方向以逐步降低模型的预测误差，最终逼近全局最优解。梯度下降法不仅是机器学习中最优化的基石，也是理解深度学习中反向传播和强化学习策略优化等复杂优化方法的基础。梯度下降从初始化参数开始，随机选择一个初始值作为模型参数，然后计算损失函数相对于这些参数的梯度，以获取损失函数增加最快的方向。为了最小化损失，需要沿着梯度的相反方向调整参数。每次更新的步长由一个称为学习率的参数控制，该参数决定了每次参数更新的幅度。参数更新时，用当前的参数减去学习率和梯度的乘积，使模型朝损失减少的方向前进。重复这一过程直到损失函数的变化非常小（即接近稳定）或达到预设的最大迭代次数。实际中可使用Adma等优化器，结合当前和过去的变化信息以实现学习率的自适应调整，使得参数更新更加高效且稳定。

2.2 搜索

2.2.1 搜索的基本思想

搜索问题旨在从一个数据集中高效地找到满足特定条件的元素或信息，是计算机科学和人工智能中的核心问题，被广泛应用于数据库查询、信息检索、路径规划等。例如，在智能导航系统中，用户输入起点和终点后，需要从数百万条道路的复杂路网中快速规划出最优行驶路线。若直接枚举所有可能的路线组合，计算量将随道路节点数量呈指数级爆炸增长，导致响应时间远超实际需求。这种场景下，搜索问题的挑战在于如何在有限时间内从庞大的候选空间中高效筛选出符合约束的解。

搜索的本质是对初始状态到目标状态的探索。以路径规划为例，输入包含起点位置、终点条件及状态转移规则，输出则是满足约束的路径序列或无解结论。搜索的核心目标是以最小的计算代价完成从初始状态到目标状态的探索，其策略需要根据问题特征进行动态调整。例如，挖掘社交网络中的用户关联关系时，根据搜索最短路径、考虑用户活跃度，或者处理大规模社交网络等不同目标，采取不同的搜索策略，同时降低计算复杂度。常用的搜索方法包括：

● 二分搜索（Binary Search）：在有序数据中不断缩小搜索范围至原范围的二分之一，常用于日志、时间戳和字典等静态有序数据的查询。

● 深度优先搜索（Depth First Search）：沿路径“深入”遍历、探索所有分支，适合寻找可行解或遍历网络结构，如迷宫求解、拓扑排序、文件目录遍历等。

● 广度优先搜索（Breadth First Search）：按层次“扩散”遍历，优先访问离起点最近的节点，保障找到最短路径，常用于社交网络好友推荐、网页爬虫、最短路径规划等问题。

● A^*算法：结合从起点到当前节点的实际代价和启发函数，预估到终点距离的代价，优先探索综合代价最小的路径，常用于游戏路径规划和机器人导航等问题。

● 哈希搜索（Hashing Search）：通过哈希函数直接定位数据的存储位置，在平均情况下实现常数时间的查找，常用于数据库索引和缓存系统等。

二分搜索和深度优先搜索是人工智能领域的两种经典搜索方法，凭借其独特的优势为不同场景的智能决策与探索提供基础工具。二分搜索以其高效性和确定性著称，通过每次将搜索范围缩小一半的方式实现目标的高效定位，在静态有序数据场景中表现得尤为突出。例如，在决策树分类中，使用二分搜索高效确定特征划分的阈值，加速模型的训练；在强化学习中，使用二分搜索辅助优化策略空间的边界探索，提升学习效率。深度优先搜索更注重对状态空间的全面探索，深入路径的每一个分支，即使面临复杂的网络结构或大规模状态空间，也能以较少的内存开销遍历所有可能性，这一特性使其成为解决约束满足问题和路径规划问题的重要技术，尤其在需要穷举所有可能解的场景中不可或缺。例如，深度优先搜索结合剪枝策略，可有效模拟棋类游戏的落子决策，通过递归遍历实体关系链以挖掘隐含信息，实现知识图谱推理。

2.2.2 搜索方法

（1）二分搜索

图书管理员在按字母顺序编排的《世界地理百科全书》中检索“尼罗河”词条时，若采用逐页翻阅的线性搜索方式，面对 10 万页的书籍可能需要数小时；而若利用目录的有序特性，每次直接跳转至当前搜索区间的中间页，根据词条在字母表中的前后关系排除一半无效区域，则仅需约 17 次翻页即可锁定目标。二分搜索采用这种分而治之的策略，通过系统性地将有序数据集的搜索区间对半分割，实现搜索效率的提升。

二分搜索的可行性建立在数据严格有序排列的基础之上，其本质是通过中间值与目标值的比较，将搜索空间划分为可能区域和排除区域两个部分。初始化时将左右边界设为数据集首尾索引，计算中间位置索引，若中间值等于目标值则直接返回；若目标值更大，则调整左边界至中间位置右侧以聚焦后半区间；反之则调整右边界至中间位置左侧以聚焦前半区间。通过持续排除不可能包含目标的半区，将搜索规模以几何级数缩减。对于包含n个元素的有序数据集，最多仅需$\log_2 n$次比较即可完成搜索。

例 2.1 给定数据集{3, 7, 12, 16, 21, 23, 25, 30, 45, 50}，使用二分搜索查找目标值 23。从整个数组范围开始，第一次取中间值 21，由于 23 大于 21，仅搜索右半区；第二次在右半部分取中间值 30，由于 23 小于 30，转向搜索左半区；最终在剩余区间找到 23。整个过程通过 3 次元素比较完成定位。以上搜索过程如图 2.1 所示。

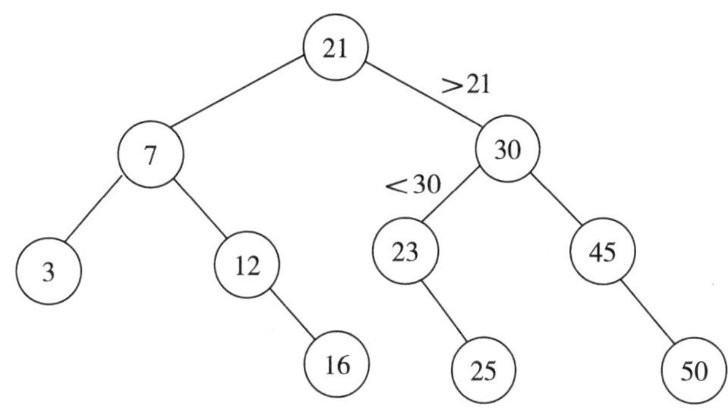

图 2.1 二分搜索过程

（2）深度优先搜索

想象一位冒险者手持火把进入多层地宫探索未知空间的场景，地宫由错综复杂的走廊构成，每个分岔口都延伸出若干条新通道，某些路的尽头藏着重要线索。若采用随机的方式，冒险者极可能陷入循环绕路的困境，但若采取“单通道深度推进”策略（即优先沿着某条路径走到尽头），再退回最近的分岔点切换新路线，则能高效完成全图测绘。深度优先搜索适用于树状层级结构或带访问标记的网络结构，通过尽可能深地探索每个分支路径，利用回退机制遍历所有可能状态，适用于需要穷尽多种可能性的问题。具体实现时，深度优先搜索使用一种称为栈的数据结构来记录待探索的节点。栈可以简单理解为一个“后进先出”的列表，也就是说，最后加入的节点会最先被处理。算法每次优先处理最近加入的节点，然后把该节点所有未访问的相邻节点加入栈中并标记。当栈为空时，说明所有可能的路径都已被探索，此时可以判断目标不存在。

例 2.2 在图 2.2 的树状结构中，从根节点A出发，用深度优先搜索查找目标节点G。

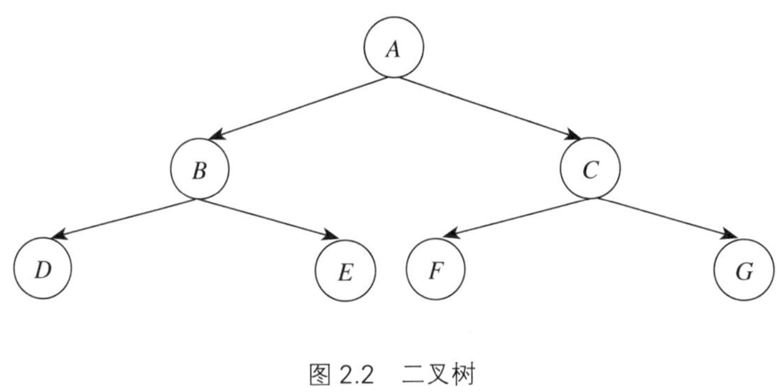

图 2.2 二叉树

从根节点A出发进行深度优先搜索，优先沿左分支深入到底层。到达最左边的叶子节点D后，回退至节点B并访问其右叶子节点E。重复该过程，直到每个节点都访问一遍。图 2.3 给出搜索过程中进出栈的顺序。

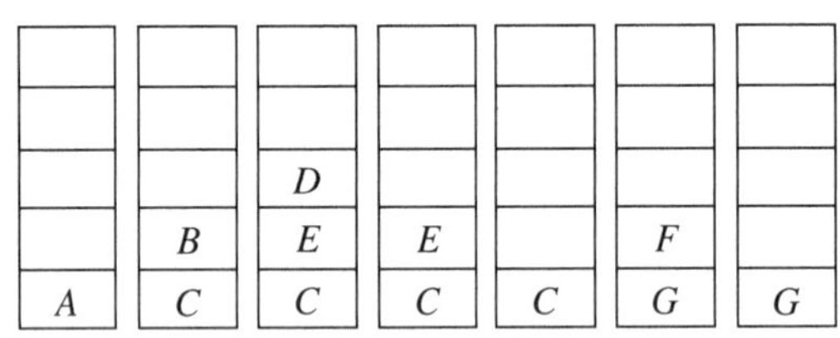

图 2.3 深度优先搜索中的进出栈顺序

2.3 分类

2.3.1 分类的基本思想

分类是人工智能中一种基于数据特征对事物进行自动归类的核心技术，其基本思想是模仿人类“总结规律—应用规律”的认知过程。例如，人类在认识、区分猫狗时，会指出“猫耳朵尖、脸圆，狗耳朵垂、脸长”等特征，计算机的分类过程与之类似。首先需要收集大量已标注类别的数据，然后，计算机会自动分析不同类别数据的特征差异（如在图片中提取耳朵形状、眼睛位置、毛发纹理等视觉特征）并建立分类规则，遇到新数据时对照模型中的规则进行判断和预测。分类是机器学习和数据挖掘中的经典方法，广泛应用于医疗健康领域的症状识别、金融领域的欺诈检测、市场营销中的客户分群等许多场景，展现出强大的跨领域适用性。

分类旨在从已标注的数据中学习特征与类别之间关联性的规则，从而对未知样本的类别进行预测，为数据样本分配预定义的类别标签，既可以处理垃圾邮件识别等二选一的问题，也能应对手写数字识别等多类别场景，是一种推断性数据分析方法。分类方法的目标是以最小的误差将样本划分到正确的类别，需解决两种分类问题：一种是判别式分类，可以直接学习类别边界，适用于特征与类别关系明确的场景；另一种是生成式分类，可以对类别内部的数据分布进行建模，适用于需要估计概率的场景。常用的分类方法包括：

- 决策树（Decision Tree）：通过树状结构实现数据的分类，其关键在于递归选择最优特征进行节点分裂。每个内部节点表示一个特征的测试条件，分支代表测试结果，叶子节点则对应最终分类结果，具有简单直观、可解释性强、多样化数据适应性强的优点。

- 支持向量机（Support Vector Machine）：基本思想是通过寻找一个最大间隔超平面，将不同类别的数据点尽可能远离分隔线以实现分类。对于非线性可分数据，支持向量机将其映射到高维空间，使其线性可分。

- K-最近邻（K-Nearest Neighbor）：基于“物以类聚”的思想，通过计算待分类样本与训练集中所有样本的距离（即相异程度），选取距离最近的K个邻居，根据邻居类别进行待分类样本的类别预测。该方法无须显式训练过程，但高维数据下的距离计算效率低，需通过降维或特征筛选进行优化。

- 逻辑回归（Logistic Regression）：一种经典的二分类方法，首先将线性方程的输出值压缩到[0, 1]区间，映射为样本属于某一类别的概率，具有模型简单和可解释性强的特点。

- 朴素贝叶斯（Naive Bayes）：假设一个属性值对给定类的影响独立于其他属性值，首先分别计算出待分类样本属于每个类别的概率，然后选择概率最大的类别作为该样本所属的类别。尽管独立性假设在实际中鲜少成立，但该方法由于其仅需统计属性值的频率，计算效率较高，被广泛应用于文本分类和医学诊断等领域。

下面分别介绍决策树、支持向量机、K-最近邻这三种具有代表性的分类方法。

2.3.2 分类方法

（1）决策树

决策树是一种通过反复特征分裂而构建树形规则的分类模型，其核心是选择最优特征分割点，使得这样的分支节点所包含的样本尽可能属于同一类别（称为纯度），从而生成决策路径。例如，在预测用户是否会点击广告这一分类任务中，决策树的每个内部节点表示一个特征条件（如"年龄是否小于20岁"），每条边代表条件的结果为"是"或者"否"，叶子节点则对应最终的类别（如"点击广告"或"未点击"），目标是通过特征分裂，使每个子集的类别尽可能具有最高的纯度，也就是使同一子集中的数据属于同一类别的可能性最高。

1）特征选择

决策树的构建始于特征的选择，目标是从所有可用特征中挑选出最能区分数据类别的特征，为此，通常采用一些衡量标准来评估特征的有效性：

● 信息增益（Information Gain）：通过衡量特征对数据纯度的提升程度来判断其优劣。具体而言，信息增益反映使用某个特征分割数据后，子集的不确定性是否显著降低，其数学表达式为$IG = H(D)-H(D \mid A)$，其中，$H(D)$表示原始数据集的熵（即混乱程度），$H(D \mid A)$表示根据特征A划分后得到的子集的熵。

● 基尼不纯度（Gini Impurity）：用来衡量子集中类别混杂的程度，该值越低，子集的纯度越高，其数学表达式为$Gini = 1-\sum_{i=1}^{c} p_i^2$，其中$p_i$是子集中第$i$类所占的比例。

然后使用选定的特征对数据集进行分裂，也就是将数据集根据该特征的不同取值划分为多个子集。分裂过程会持续进行，直到满足某些终止条件为止。这些条件包括子集中的所有数据已属于同一类别，此时子集纯度达到100%；或者所有特征都已被遍历完毕，且剩余特征无法用以进一步分割数据。

2）数据集分裂

接着在每个分支上重复执行相同的分裂过程，即重新选择特征并分裂数据集，直至所有叶子节点的数据都属于具有最高纯度的类别。该过程中，每次分裂的关键在于优先选择那些能最大限度降低数据混乱程度的特征。通过这种逐步细分的方式，逐渐形成决策树，最终可以有效地对数据进行分类。

例 2.3 使用表 2.1 中的数据训练决策树，用于预测用户是否会点击广告。计算所有特征的基尼不纯度，选取“每日活跃时间”这一用于数据划分的特征，检测用户“每日活跃时间”是否达到 1 小时，满足该条件的用户直接判定为“点击”广告群体；未达标者则根据性别二次筛选，男性用户判定“点击”，女性用户判定“未点击”。该模型最终将用户分为“高活跃点击者”“低活跃男性点击者”“低活跃女性未点击者”三类群体，其决策树如图 2.4 所示。

表 2.1 “用户点击广告”样本数据

用户	年龄	性别	每日活跃时间	历史浏览记录	是否点击广告
A	25	男	2 小时	科技产品	是
B	28	女	30 分钟	服装	否
C	30	男	1.5 小时	电子产品	是
D	40	男	50 分钟	旅游攻略	是
E	35	女	45 分钟	母婴用品	否

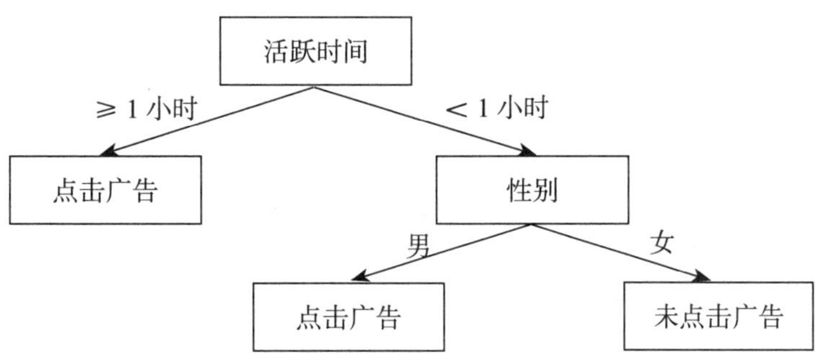

图 2.4 “用户点击广告”决策树

（2）支持向量机

智能垃圾分类是现代城市社区中面临的典型问题，即如何准确区分不同类别的垃圾，简单的直线划分往往会误判某些特殊垃圾。支持向量机不仅可以划出分界线，还能建立一个带有类似缓冲隔离带的智能边界，使得两侧数据都尽可能远离分界区域，如同在城市规划中既要划定行政区界，又要预留生态隔离带以保障未来发展空间。

支持向量机的目标是在保证分类准确的前提下最大化不同类别数据之间的间隔，间隔是分割超平面（高维空间中将数据分割为两部分的平面）到最近数据点的安全距离。在数据线性可分的情况下，模型首先捕捉靠近潜在分界线的数据点（称为支持向量），随后通过优化调整分界线位置以确保分界线到两侧最近支持向量的垂直距离达到最大且对称平衡。这种策略使得模型具备抗干扰特性，即使存在个别异常样本，也能维持整体边界的稳定性。

现实中的分类任务往往面临更复杂的非线性场景。例如，厨余垃圾在特征空间呈现中心聚集、其他垃圾环形包围的分布格局。支持向量机通过核函数（度量空间中两个点之间的相似度的映射）实现维度跃迁，将二维平面数据映射到高维空间，多维空间中原本环形分布的数据也可被超平面分隔为两个部分。

例 2.4　教育机构希望通过学生的平时成绩（满分 50 分）与期末成绩（满分 50 分），对其能否通过课程考试进行预测。表 2.2 给出 4 名学生的数据。

表 2.2　“学生是否通过考试”数据

学生	平时成绩（分）	期末成绩（分）	通过考试（通过 =1，未通过 =0）
甲	45	48	1
乙	20	22	0
丙	38	40	1
丁	25	30	0

首先针对位于分类边界的关键样本，通过者丙、未通过者丁分别为最靠近未通过样本和通过样本的支持向量。设分类直线方程为 $w_1x_1+w_2x_2+b=0$，将支持向量丙和

丁代入约束条件，解方程 $38w_1+40w_2+b=1$ 和 $25w_1+30w_2+b=-1$，最终通过支持向量机得到的分界线为 $0.02x_1+0.05x_2=2.76$。

（3）K-最近邻

K-最近邻是一种基于实例的学习方法，用于分类和回归任务。其基本思想是通过计算新样本与训练集中每个样本的距离，选择距离最近（即最相似）的 K 个邻居，根据这些邻居的标签类别进行预测。注意到，K-最近邻是一种“懒惰”学习方法，并不在训练阶段建立分类模型，而是在预测时使用训练数据，也就是说，该方法计算每个新样本与训练集中各个样本间的距离，选取距离最近的 K 个邻居并通过投票或加权平均来确定其类别。例如，若需要预测用户是否会点击广告，K-最近邻方法针对新用户会计算其与历史用户（如年龄、活跃时间等特征）之间的距离，选出最近的 K 个用户，若这 K 个用户中点击广告的人数多，则预测新用户也会点击广告。

例 2.5 表 2.3 给出一组中国古典文学书籍的数据，包含每本书的诗词引用次数和历史事件提及次数两个特征。使用K-最近邻方法预测新书《搜神记》（未在训练集中）的类别，该书的诗词引用次数为 120、历史事件提及次数为 15。

表 2.3 中国古典文学书籍数据

书籍名称	诗词引用次数	历史事件提及次数	类型
《红楼梦》	200	50	世情小说
《三国演义》	30	180	历史演义
《聊斋志异》	150	20	志怪小说
《儒林外史》	80	100	讽刺文学
《西游记》	100	10	志怪小说

首先计算《搜神记》与其他书籍的距离分别为 30.4、188.3、85.4、93.4 和 20.6。然后选择 $K(K=3)$ 个邻居并按距离排序，前三名中《西游记》（距离为 20.6）是志怪小说、《红楼梦》（距离为 30.4）是世情小说、《聊斋志异》（距离为

85.4）是志怪小说。通过多数投票预测结果，3 个邻居中有 2 票为志怪小说、1 票为世情小说，最终预测《搜神记》为志怪小说。

2.4 回归

2.4.1 回归的基本思想

实际应用中，除了使用分类方法解决离散型变量（取值用自然数或整数单位计算）间的关系，许多问题需要对连续型变量（可以任意取值并进行任意精度测量）间的关系进行建模。例如，一家房地产公司分析历史成交数据，发现房价与面积密切相关。具体而言，面积每增加 1 平方米，价格就上涨 3 万元。通过回归分析，可以量化不同特征对房价的影响（如房龄和地段），进而精准预测新房的合理售价。

回归是机器学习中用于预测连续型变量取值的经典方法，其本质是对输入变量与连续型输出变量之间的映射关系进行建模，回答“多少”的问题，而非“是否”的判断，广泛用于金融风险评估、医学预后分析、环境监测、工业制造优化等领域。给定一组样本，每个样本都包含一些描述性的特征及一个真实的数值，回归模型通过分析这些样本找到一个规律或函数，使得当输入新的样本特征时，模型预测的数值能尽量接近实际值。常用的回归方法包括：

- 线性回归（Linear Regression）：回归分析中最基础的模型，其基本思想是假设目标值与特征呈线性关系，通过数学方法拟合直线或超平面，具有解释性强和计算效率高的优点，常用于特征与目标值之间存在明显线性趋势的简单问题。

- 决策树回归（Decision Tree Regression）：不断将数据划分为子集，通过不断划分特征空间以构建树状结构，每个内部节点对应一个特征的条件判断，叶子节点输出该区域的平均值并作为预测结果。决策树回归的优势在于无须对数据进行取值区间统一化的预处理，可自动处理非线性关系，且决策路径直观可解释，适用于数据中存在复杂非线性关系或需要可解释性要求高的场景。

- 岭回归（Ridge Regression）：对线性回归模型进行扩展，使模型权重控制在一个范围内，并约束模型复杂度以防止过拟合，适用于特征数量多、共线性显著的高维数据。

● 随机森林回归（Random Forest Regression）：通过从原始训练集中抽样以生成多个子集，每个子集独立训练一棵决策树，最终预测结果为所有树输出结果的平均值。相比单一决策树，随机森林能有效处理高维数据和非线性关系，适用于高维数据和噪声较多的场景。

● 神经网络回归（Neural Network Regression）：通过多层非线性变换逼近复杂映射关系，包含输入层、若干隐藏层和输出层，基于梯度下降法优化权重参数并最小化预测误差，具有强大的非线性表达能力，可捕捉特征间的交互作用，适用于大规模数据、高非线性或需自动抽取特征的场景。

下面分别介绍线性回归、决策树回归和岭回归方法。

2.4.2 回归方法

（1）线性回归

线性回归是一种监督学习方法，用于对输入变量与连续型输出变量之间的线性关系进行建模，其基本假设是目标值可以通过特征的线性组合来预测，并通过最小化预测值与真实值之间的误差来找到最佳拟合直线，其数学表达式为$y = wx+b$，其中，y为预测值，x为输入变量，w为斜率，b为截距。

为使预测值与真实值之间的差距尽可能小，线性回归通常采用均方误差来衡量这种差距，进而调整参数w和b。具体而言，对于每一个样本，首先用w乘以样本特征，再加上偏置b，从而计算其预测值；然后计算预测值与实际值之间的误差，再将该误差值取平方；最后对所有样本的平方差求平均值，得到的平均值称为均方误差，反映模型的整体预测误差。为使预测值与真实值之间的平均平方误差最小，采用梯度下降法搜索最优参数。其基本思想是通过分析所有样本数据计算出斜率w，反映各样本特征值与其平均值之间的偏差与对应目标值偏差之间的关系，再利用目标值的平均值和该斜率确定直线的截距b。这样得到的直线能够尽可能地接近所有样本的真实值，从而实现最优的拟合。

例 2.6 房地产公司收集了一组记录房屋面积（平方米）与对应售价（万元）的数据，其中，一套 80 平方米的房屋售价为 320 万元，一套 120 平方米的房屋售价为 480 万元。使用线性回归模型，建立房屋面积与售价之间的线性关系：售价=4×

房屋面积，从而预测未知房屋的售价。

（2）决策树回归

决策树回归是一种基于树结构的监督学习方法，用于预测连续型目标变量（如收入或房价）。其基本思想是不断将数据集划分为更小的子集，使得每个子集内的目标变量尽可能相似，最终将叶子节点的平均值作为预测值。与线性回归不同，决策树回归擅长捕捉非线性关系和阶段性变化，且结果具有较强的可解释性。

例 2.7 在经济学中，收入与年龄的关系通常呈现非线性关系，青年（20~30岁）阶段收入快速增长，中年（31 ~ 49 岁）阶段收入增速放缓并趋于稳定，老年（50 岁及以上）阶段收入逐渐下降。决策树回归能够自动划分不同年龄段（如≤ 30岁、31 ~ 49 岁和≥ 50 岁），并为每个年龄区间预测平均收入，流程如图 2.5 所示。

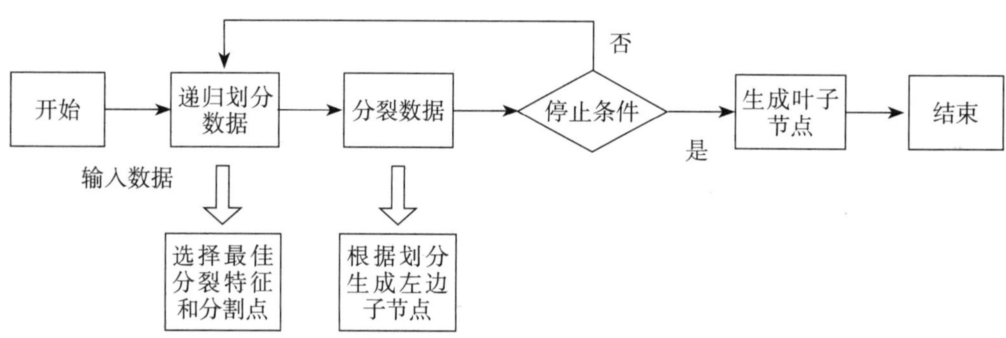

图 2.5 决策树回归流程

给定如表 2.4 所示的年龄与收入数据，使用决策树回归预测年龄与收入间的关系。

表 2.4 年龄与收入数据

年龄（岁）	收入（万元 / 年）
25	8
28	12
35	18
40	20
55	15

先在年龄为30岁处进行分割，将人群划分为青年组与中高龄组，中高龄组进一步在年龄为50岁处细分为壮年组与老年组，最终形成三层决策规则。年龄阈值将人群划分为不同收入类别，揭示“壮年期收入达峰，老年期收入逐步回落”的趋势，其决策树如图2.6所示。

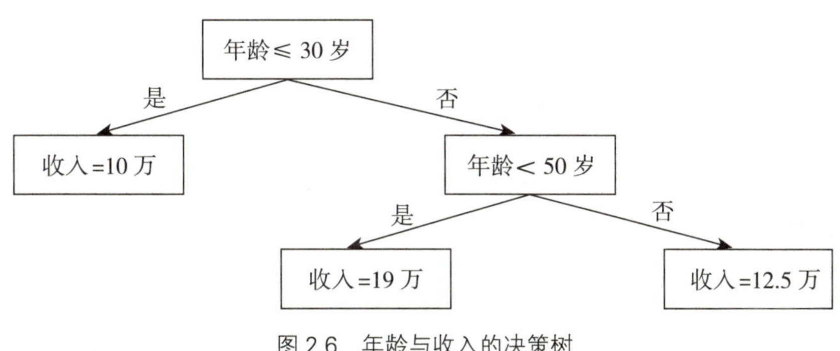

图2.6 年龄与收入的决策树

（3）岭回归

假设一家金融公司希望通过通货膨胀率、失业率和利率等宏观经济指标预测股票市场的收益率，而这些经济指标之间可能存在高度相关性（如通货膨胀率与利率通常呈正相关），这可能导致传统的线性回归模型出现估计结果失真或难以准确估计的问题，从而影响模型的稳定性和预测精度。岭回归可有效解决上述问题，在最小化预测误差的同时约束模型权重的大小，以提升模型的稳定性和泛化能力。相较于线性回归，岭回归在训练过程中考虑让模型预测值与实际值之间的误差尽可能小，以保证预测结果的准确性，同时限制模型参数的大小、控制模型的复杂度（例如，使用一系列宏观经济指标来构建股票收益率预测模型），从而提高模型对新数据的适应能力。

2.5 聚类

2.5.1 聚类的基本思想

实际中的数据还存在无标注的情况，许多场景需要从未标注数据中自动发现潜在模式。例如，一家零售企业收集了数百万顾客的购物行为数据，但缺乏明确的群体划分标准，通过聚类分析，企业可以识别出具有相似消费偏好的顾客群体，如频繁购买母婴用品的家庭主妇、热衷电子产品的科技爱好者、偏好季节性促销的节俭型消费者等。基于这些群体特征，企业可为不同顾客群体定制精准的营销策略。例如，向科技爱好者优先推送新品预售信息，为价格敏感群体设计组合优惠方案。

聚类是一种无监督学习方法，旨在将数据样本划分为若干个簇，使得同一簇内样本的相似性最大化，而不同簇之间的差异性最大化。与需要预定义类别的分类方法不同，聚类通过对数据内在结构的探索，揭示样本之间的自然关联模式，广泛应用于市场营销、医疗诊断、社交网络分析、文本挖掘等领域，体现了聚类“让数据自述其故事”的核心价值。作为探索性分析工具，聚类不仅服务于群体划分，还可支撑更复杂的分析任务。在生物医学领域，基因表达数据的聚类有助于发现疾病亚型；在工业检测领域，通过异常点检测可识别设备异常状态；在信息服务领域，用户分簇可提升用户与商品之间相似度的计算效率。常用的聚类方法包括：

- K-均值（K-Means）聚类：通过不断迭代优化，将数据点划分到距离最近的簇，同时最小化所有样本与其所属簇中心的距离平方和。这种方法假设数据呈球形分布，适合处理结构相对简单的数据集。例如，在客户分群中根据消费行为将用户划分为不同群体，在图像压缩时通过减少颜色种类来降低存储空间。

- 层次聚类：通过逐步合并或分裂数据点，形成树状的层次化簇结构，既能从宏观视角观察大类划分，也能深入微观分析子类。这种多粒度特性，使多层次聚类方法用于生物分类学中以构建物种进化树，或在文档分析时根据主题相似度生成层次化的内容分类体系。

- 基于密度的噪声应用空间聚类（Density-Based Spatial Clustering of Applications with Noise, DBSCAN）：基于密度定义的簇结构，能够发现任意形状的密集区域，并自动识别噪声点。例如，在地理信息系统中，使用该聚类方法可识别出城市人流密集的热点区域；在金融风控中，使用该聚类算法能有效检测信用卡交易中短时间内多地刷卡的异常行为。

- 谱聚类：将数据映射到低维空间，再利用图论方法捕捉复杂结构，适合处理高维数据。例如，使用谱聚类能有效划分社交网络中的用户关系网，通过像素相似度将图像分解为连贯的视觉区域，进而实现有效的图像分割。

下面以K-均值、DBSCAN和层次聚类为代表，介绍聚类方法的主要步骤。

2.5.2 聚类方法

(1) K-均值聚类

若城市规划师需要将城市中的居民区划分为3个商业中心，通常的做法是首先在地图上随机标记3个临时位置，居民自动选择最近的商场购物，随后根据实际顾客分布重新计算更靠近客流中心的新位置。经过多轮调整，商场最终稳定在能最大化覆盖客户的位置。这种商场动态选址的做法，反映了K-均值聚类方法的基本思想。

K-均值是一种无监督学习方法，旨在将数据集划分为K个互不相交的簇，使得同一簇中的样本间的距离尽可能接近，而不同簇中的样本尽可能远离。首先随机设定K个中心点，随后反复执行两个步骤：将所有数据点分配给最近的中心形成临时簇，根据簇内数据点的均值更新簇中心位置。当中心点位移小于设定阈值或达到最大迭代次数时，输出最终簇的划分结果。

例 2.8 若教师需要根据学生“数学”和“英语”两门课的成绩，将6名学生分为2组，如“理科优势组”和“文科优势组”。成绩数据如表2.5所示，满分10分。使用K-均值方法对学生成绩进行聚类的计算过程如图2.7所示。

表 2.5 学生成绩

学生	A	B	C	D	E	F
数学成绩（分）	2	2	3	6	7	7
英语成绩（分）	3	4	5	2	3	4

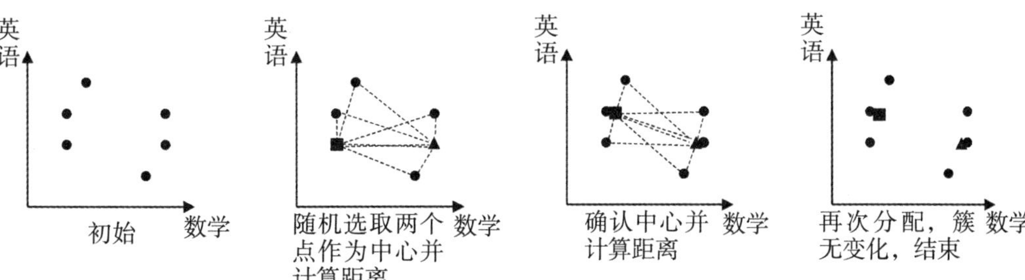

图 2.7 学生成绩的K-均值聚类

（2）DBSCAN密度聚类

医生在医疗影像分析中面临肿瘤细胞识别的难题，癌细胞可能呈现星状扩散、环形浸润等不规则形态，且存在大量正常细胞作为背景噪声。若使用K-均值等基于距离的聚类方法，则可能将连续扩散的癌细胞错误切割为多个圆形区域，或受噪声干扰而形成无效的簇。DBSCAN方法展现出独特优势，能够根据细胞分布的密集程度精确捕捉任意形状的病变区域，同时将孤立的正常细胞标记为噪声，从而辅助医生快速定位恶性肿瘤。

DBSCAN是一种基于空间密度的无监督聚类方法，其基本思想是簇形成于数据密集区域，而稀疏区域的样本应被视为噪声。无须像K-均值一样预设簇的数量，DBSCAN通过邻域半径和最小邻居数动态划分数据，其中邻域半径定义局部密度范围，最小邻居数决定核心点的最低密度标准，二者共同控制簇的粒度。

DBSCAN的执行始于密度探索，从任意未访问样本出发，若其邻域半径内样本数达到最小邻居数，则标记为核心点并启动簇扩展。例如，在交通流量分析中，车辆密集的十字路口被识别为核心点，其周围车辆被逐步吸收形成车流簇。该过程重复扩展，直至无法吸收新成员，形成类似城市扩张的连锁反应。对于密度不足的样本，若位于核心点邻域内则划为边界点，这类样本如同卫星城镇，虽不具备独立核心地位，但仍归属主簇影响范围。例如，电商平台中低活跃用户因频繁访问核心用户页面而被归入同一兴趣群体。最终，未被任何核心点吸收的孤立样本被标记为噪声。这些低密度区域样本在气候分析中可识别极端温度异常值，在工业检测中反映了设备的异常信号。通过核心点、边界点与噪声的三级划分，DBSCAN完整揭示数据的内在模式，为复杂模式分析提供有效的工具。

例 2.9 某城市有 8 个共享单车停放点，其坐标如表 2.6 所示，使用DBSCAN方法识别这些停放点中的热点区域及零星停车点，设置邻域半径为 1.5、最小邻居数为 3。

表 2.6 共享单车位置

停车点	P1	P2	P3	P4	P5	P6	P7	P8
X 坐标	1	1	2	5	5	6	10	11
Y 坐标	1	2	1	4	5	5	3	2

当设定邻域内至少包含 3 个坐标点时，P1、P2 和P3 因相互聚集形成高密度区域而被标记为核心点，P5 虽单独出现但关联P4 和P6 而构成次核心区域。然后通过密度扩展，P1、P2 和P3 自动聚合为簇 1，P5 则将P4 和P6 纳入簇 2，形成两个独立的热点区域。未达到密度阈值的P7 和P8 因孤立分布而被识别为噪声。最终得到簇 1（P1、P2、P3）可能对应交通枢纽，簇 2（P4、P5、P6）反映商业区特征，而P7 和P8 的异常分布提示需调整区域车辆投放量。

（3）层次聚类

若一名生物学家需要对 6 种植物进行分类，而这些植物的叶片形状、花期、基因序列等特征复杂，生物学家希望不仅得到分类结果，还能展示不同物种之间的亲缘关系层次，即哪些植物属于同一科、哪些属于同一属。层次聚类可用于解决以上植物分类问题，它通过构建树状图以揭示数据的多粒度分组结构，适用于需要层次化分析的场景。

层次聚类是一种自底向上进行凝聚或自顶向下进行分裂的无监督学习方法，其基本思想是逐步合并或分裂样本以形成树状的层次结构，最终结果可通过“切割树”而选择不同粒度的簇数量，无须预先指定簇的数量。该方法的特点在于树状图可视化，可直观展示样本或簇的合并顺序与距离，也支持从粗粒度到细粒度的灵活分析。层次聚类流程如图 2.8 所示。

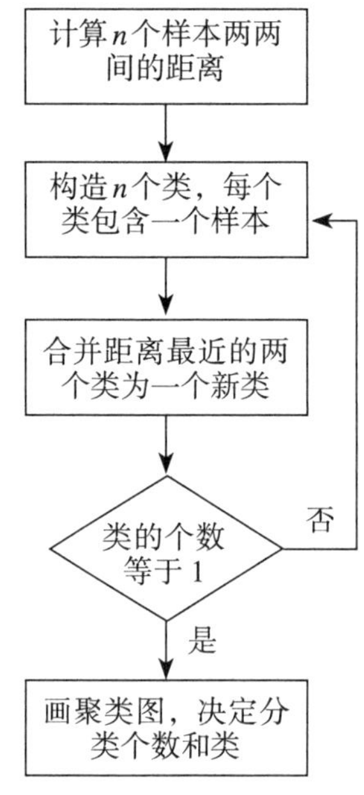

图 2.8　层次聚类流程

例 2.10　表 2.7 给出A、B、C、D四种动物的体重和寿命数据，对其进行层次聚类。

表 2.7　动物体重和寿命

动物	体重（公斤）	寿命（年）
A	10	5
B	15	6
C	30	12
D	35	14

首先，分别将每个动物初始化为一组。通过计算数据之间的距离，发现C与D特征最接近，率先合并为长寿动物组。其次，在剩余动物中，A与B特征相似度最

高，故将其合并为短寿动物组，此时形成两个初级生物群。最后，因为两组间存在显著特征差异，所以在更大差异阈值下将两个组合并为总集群，完成从微观到宏观的层级分类。聚类过程的树状图如图 2.9 所示。

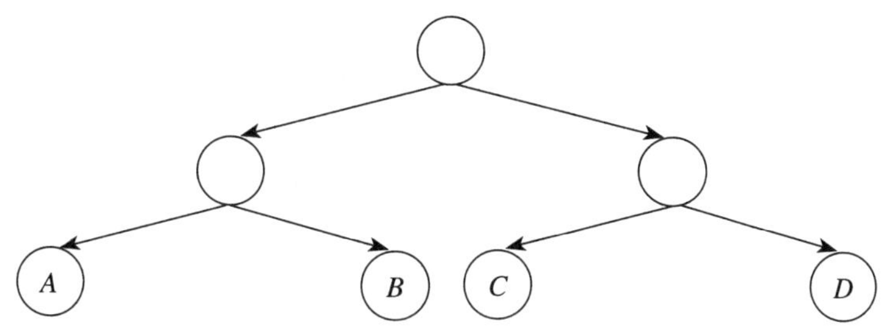

图 2.9 层次聚类树状图

思考题

1. 简述机器学习中损失函数的概念，给出至少两个损失函数的例子并说明其含义。

2. 结合实际应用场景，简述深度优先搜索适合解决的问题的类型。

3. 简述二分搜索方法的前提条件，给出使用二分搜索方法在数据集{-1，0，3，5，9，12}中查找目标值 9 的过程。

4. 简述K-最近邻分类中可用于选择合适K值的方法，以及K值过小可能导致的问题。

5. 简述决策树分类方法中评估特征有效性的方法。使用决策树模型进行医疗诊断（如判断是否患糖尿病），简述如何选择血糖、体重、年龄等特征的思路。

6. 结合实际应用场景简述逻辑回归适合二分类问题的原因。

7. 结合实际应用场景简述决策树回归与线性回归的主要区别。

8. 简述分类、回归和聚类的目标之间的区别。

9. 使用K-均值方法对数据集{(1，1)，(1，2)，(2，2)，(5，5)，(6，5)，(6，6)}进行聚类分析，初始聚类中心为(1，1)和(5，5)，给出执行第一轮划分的结果（数据划分到簇并更新簇中心）。

10. 简述K-均值聚类方法中确定最佳簇数量*K*的方法。

11. 简述K-均值聚类方法中初始簇中心选择对聚类结果的影响。

12. 简述DBSCAN相较于K-均值聚类方法的主要优势，以及DBSCAN方法的适用场景。

3 深度学习

深度学习（Deep Learning）是人工智能领域中的一种机器学习方法。它通过模拟人脑的神经网络结构，利用多层人工神经网络模型自动地从数据中提取复杂特征、学习数据的内在规律，不需要手动进行特征工程，就能处理更为复杂的问题。经典的深度学习技术包括用于图像特征提取的卷积神经网络（Convolutional Neural Network, CNN）、用于序列特征提取的循环神经网络（Recurrent Neural Network, RNN），以及用于图数据分析的图神经网络（Graph Neural Network, GNN）。这些深度学习技术在计算机视觉、自然语言处理、时序数据分析等领域取得了重大突破，成为当前人工智能技术发展的核心驱动力。本章介绍人工神经网络的基本原理、深度学习概念以及经典的深度神经网络模型。

3.1 人工神经网络基本原理

人工神经网络（Artificial Neural Network），通常简称为神经网络，是指从信息处理角度对人脑神经元网络进行抽象而构建人工神经元，并按一定拓扑结构建立神经元间的连接来模拟人脑神经网络的数学模型。

3.1.1 神经元模型

神经元（Neuron）是神经网络的基本组成单元，负责模拟生物神经元的结构和功能，接收一组输入信号并产生相应的输出。1943 年，心理学家 McCulloch 和数学家Pitts提出了一个被普遍采用的神经元模型——MP神经元模型。该模型接收d个输入信号$x_1, x_2, \dots, x_d$，对这些信号进行加权求和，再通过一个激活函数的处理产生神经元的输出。图3.1给出了一个MP神经元模型的示例。

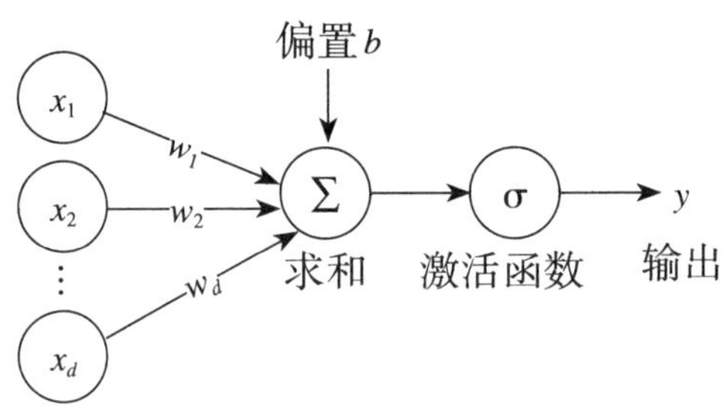

图3.1 MP神经元模型

将输入信号表示为向量$\mathbf{x} = [x_1; x_2; \dots; x_d]$，MP神经元模型可以表示为：

$$y=\sigma\left(\sum_{i=1}^{d} w_i x_i + b\right) = \sigma(\mathbf{w}^T\mathbf{x} + b) \tag{3.1}$$

其中，$\mathbf{w}=[w_1; w_2; \dots; w_d]$为权重参数的向量，$b$为偏置，激活函数$\sigma$是一个非线性函数。MP神经元模型中，激活函数为如图3.2所示的阶跃函数，将输入值映射为输出值1或0，分别对应神经元兴奋或抑制的状态，从而实现对生物神经网络的模拟。

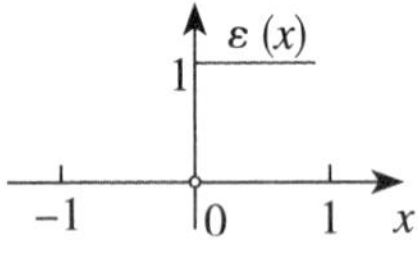

图3.2 阶跃函数

然而，生物神经网络的实际运作方式要比这种加权求和的方式复杂得多。一种对MP神经元模型的理解，是把模型看作一个由输入和输出构成的复杂函数$y=f(x_1, x_2, \dots, x_d)$，那么MP模型为复杂函数$f$的一阶泰勒近似。尽管单个神经元模型难以模拟真正的生物神经元，但把许多个这样的神经元模型按一定的层次结构连接起来，就能构成功能强大的神经网络，进而处理更为复杂的任务。

3.1.2 感知机

感知机（Perceptron）是计算机科学家Roseblatt于1957年提出的一个基于神经元模型的人工神经网络，其输入为向量$\mathbf{x}$、输出为$\mathbf{x}$的类型，取+1和–1两个值，是一个被广泛使用的二分类模型，定义为以下函数：

$$y = f(\mathbf{x}) = \mathrm{sign}(\mathbf{w}^T\mathbf{x} + b) \tag{3.2}$$

其中，$\mathbf{w}$和b为感知机模型参数，sign是符号函数，定义如下：

$$\mathrm{sign}(x) = \begin{cases} +1, & x \geqslant 0 \\ -1, & x < 0 \end{cases}$$

给定一个包含n个样本的训练数据集$D = \{(\mathbf{x}_1, y_1), (\mathbf{x}_2, y_2), \dots, (\mathbf{x}_n, y_n)\}$，可以通过机器学习方法从$D$中自动找到参数$\mathbf{w}$和$b$，即一个分离超平面$\mathbf{w}^T\mathbf{x} + b$，使得对于所有$y_i$=+1的正样本$\mathbf{x}_i$，有$\mathbf{w}^T\mathbf{x}_i + b > 0$，对于所有$y_i$=–1的负样本$\mathbf{x}_i$，有$\mathbf{w}^T\mathbf{x}_i + b < 0$。这种从训练数据中寻找模型参数的方法也被称为模型训练方法。感知机的训练通过求解以下优化问题实现：

$$\min_{\mathbf{w}, b} L(\mathbf{w}, b) = -\sum_{x_i \in \mathbf{M}} y_i(\mathbf{w}^T\mathbf{x}_i + b) \tag{3.3}$$

其中，L为训练模型的损失函数，其值越小，表明模型误分类的样本越少；$\mathbf{M}$为误分类的样本集合。

在实际应用中，通常使用梯度下降法求解式3.3。首先，随机选取参数$\mathbf{w}$和b的初始值，然后使用梯度下降法不断地极小化式3.3。极小化过程不是一次使用$\mathbf{M}$中所有样本，而是每次随机选取一个样本更新参数。当一个样本被误分类，即$y_i(\mathbf{w}^T\mathbf{x}_i+b) \leqslant 0$时，结合学习率$\eta$调整$\mathbf{w}$和$b$的值，使该样本向正确方向移动，减小损失函数$L(\mathbf{w}, b)$的值，直至所有样本被正确分类。感知机训练流程如图3.3所示。

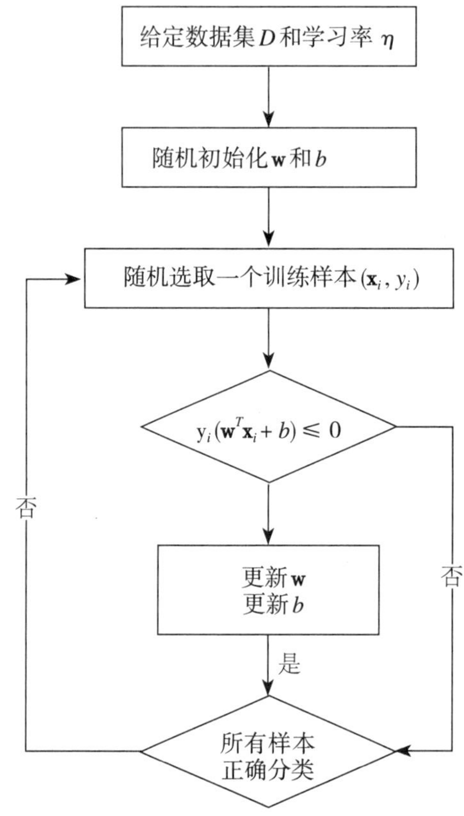

图 3.3　感知机训练流程图

感知机的主要贡献在于为机器学习任务提供了一个通用的框架：给定训练数据集D={($\mathbf{x}_1$, y_1), ... , ($\mathbf{x}_n$, y_n)}，寻找一个函数$y=f(\mathbf{x}, \theta)$，当给定一个新的样本$\mathbf{x}'$时，可使用f预测出$\mathbf{x}'$对应的y'，其中 θ 是机器学习过程中需求解的模型参数。以感知机为例，待求解参数 $\theta=(\mathbf{w}, b)$。以上学习框架适用于绝大多数的机器学习问题，包括分类、聚类、特征提取、图像分类、目标检测、图像分割等。感知机的另一个贡献在于，训练方法每次更新参数时只选择一个训练样本进行乘法和加法运算，不需使用所有训练数据，占用的计算资源也很少，非常适用于当前大数据环境下的机器学习任务，为处理大规模数据上的机器学习任务提供了理论支撑。

3.1.3 多层神经网络

(1) 多层神经网络概念

感知机仅包含单个神经元模型，只能处理简单的分类问题。将多个神经元模型按一定层次结构组合在一起，构成一个功能更强大的神经网络，就能处理更复杂的问题。图 3.4 给出一个常见的多层神经网络结构，由一个输入层、一个隐藏层、一个输出层构成。每层包含多个神经元，与下一层的神经元完全连接。同层的神经元间不存在连接，且没有跨层的连接。这样的神经网络被称为多层前馈神经网络（Multi-layer Feedforward Neural Network），其输入层接收输入数据，经过隐藏层及输出层对数据进行处理，最终由输出层将处理结果输出。一般情况下，输入层仅接受输入数据，不对输入数据进行加工，只有隐藏层和输出层才对数据进行处理。多层神经网络的训练与感知机类似，同样是利用训练数据来寻找连接所有神经元的权重及偏置，进而得到一个功能强大的模型。

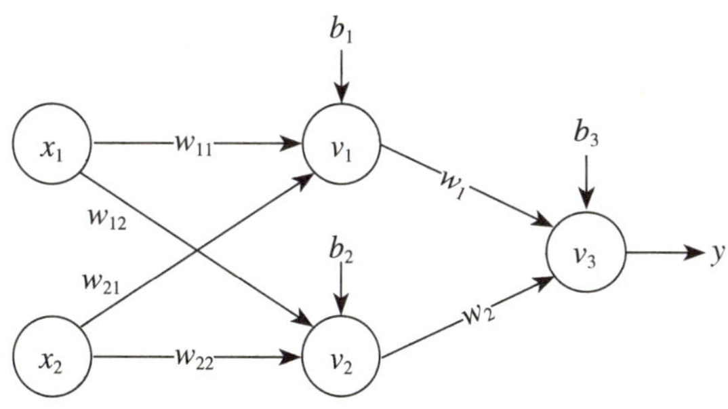

图 3.4　多层前馈神经网络示例

图 3.4 中神经网络各层间的关系可表示为：

$$v_1 = \sigma(w_{11}x_1 + w_{21}x_2 + b_1)$$

$$v_2 = \sigma(w_{12}x_1 + w_{22}x_2 + b_2)$$

$$v_3 = \sigma(w_1v_1 + w_2v_2 + b_3)$$

神经网络的输出值$y = v_3$。训练这样的神经网络，就是要确定参数$\mathbf{w} = [w_{11}; w_{12}; w_{21}; w_{22}; w_1; w_2]$及参数$\mathbf{b} = [b_1; b_2; b_3]$的取值。多层神经网络拥有强大的表示能力。可

以证明，当激活函数为阶跃函数时，只需一个包含足够多神经元的隐藏层，多层神经网络就能以任意精度逼近任意复杂的连续函数。

（2）多层神经网络训练

多层神经网络模型远比感知机复杂，无法确定其模拟的复杂函数的具体形式，因此不能直接利用感知机的训练方法来训练多层神经网络，需要更强大的学习方法。目前的神经网络训练方法，一般包含两个步骤：首先，人工设计神经网络的结构，即网络包含多少层、每层有多少个神经元；然后，将训练数据输入到这个网络中并计算出网络的参数。

神经网络结构的设计具有很大的难度，迄今没有完美的解决办法，通常只能依靠经验进行设计。设计网络结构时，如下两个准则可供参考：一个准则是，如果问题简单，那么网络结构也应该简单，即层数少或每层的神经元少；如果问题复杂，那么网络结构也应该设计得更复杂。另一个准则是，如果训练数据较多，则网络结构可以设计得复杂，从而学习到功能更强大的模型；如果训练数据较少，则网络结构应该设计得简单一些。

在确定神经网络结构之后，就需要求解神经网络中的参数。以图 3.4 中的神经网络为例，给定训练样本（$\mathbf{x}, \mathbf{y}$），输入 $\mathbf{x} = [x_1; x_2]$，$\mathbf{y}$ 为样本标签，设 $\mathbf{x}$ 经过该网络得到的输出为 $\hat{\mathbf{y}}$，希望通过调整参数 $\mathbf{w}$ 和 $\mathbf{b}$，使网络输出 $\hat{\mathbf{y}}$ 与样本标签 $\mathbf{y}$ 尽可能接近，也就是网络输出与真实标签间的均方误差尽可能小，即：

$$\min E(\mathbf{y}, \hat{\mathbf{y}}) = \frac{1}{n}\sum_{i=1}^{n}(y_i - \hat{y}_i)^2 \tag{3.4}$$

其中，n 为样本数量，$E(\mathbf{y}, \hat{\mathbf{y}})$ 为损失函数，用于量化模型预测值与真实值之间的差异。

求解参数的常用方法是梯度下降法，首先随机选取 $\mathbf{w}$ 和 $\mathbf{b}$ 的初始值（$w_i \in \mathbf{w}$，$b_i \in \mathbf{b}$），然后迭代求损失函数的极小值，在每次迭代中按以下方式更新所有参数：

$$w_i \leftarrow w_i - \eta\frac{\partial E}{\partial w_i} \tag{3.5}$$

$$b_i \leftarrow b_i - \eta\frac{\partial E}{\partial b_i} \tag{3.6}$$

其中，η（$0<\eta<1$）为学习率，$\frac{\partial E}{\partial w_i}$和$\frac{\partial E}{\partial b_i}$是构成梯度的分量。

通过不断迭代计算，最终可得到模型参数**w**和**b**。然而，直接计算梯度是非常耗费资源的，通常根据神经网络的结构来简化梯度的计算，称为反向传播（Back Propagation, BP）方法。在实际应用中，还需进行几项改进，才能顺利地训练出神经网络模型。

1）针对激活函数的改进

由于阶跃函数在0点处不可导，需将激活函数替换为其他连续可导的函数，目前常用的激活函数有如下的Sigmoid函数和ReLU函数：

$$\mathrm{Sigmoid}(x)=\frac{1}{1-e^{-x}} \tag{3.7}$$

$$\mathrm{ReLU}(x)=\max\{0, x\} \tag{3.8}$$

2）针对输出层及损失函数的改进

假设神经网络最后一层输出的是k维向量$\mathbf{z}=[z_1; \dots; z_k]$，则将向量**z**经过一个如下的Softmax层处理得到最终的输出$\hat{\mathbf{y}}=[\hat{y}_1; \dots; \hat{y}_k]$：

$$\hat{y}_i=\frac{e^{z_i}}{\sum_{j=1}^{k} e^{z_j}}, i=1, 2, \dots, k \tag{3.9}$$

从而可容易地得出$\sum_{j=1}^{k}\hat{y}_i=1$，然后将损失函数改为如下交叉熵（Cross-entropy）函数：

$$E(\mathbf{y}, \hat{\mathbf{y}})=-\sum_{j=1}^{k} y_i\log(\hat{y}_i) \tag{3.10}$$

其中，$\mathbf{y}=[y_1; \dots; y_k]$为样本标签向量。

交叉熵函数反映了**y**与$\hat{\mathbf{y}}$间的相似程度，具有以下两个性质：$E(\mathbf{y}, \hat{\mathbf{y}})\geqslant 0$；当且仅当$\mathbf{y}=\hat{\mathbf{y}}$时，$E(\mathbf{y}, \hat{\mathbf{y}})$取最小值。因此，同样可使用梯度下降进行求解。对于很多机器学习问题，尤其是分类问题，使用Softmax输出和交叉熵损失函数往往能训练出性能更好的神经网络模型，进而实现更为准确的预测。

3）使用随机梯度下降法训练模型

在反向传播方法中，每输入一个训练样本都会进行一次参数更新，这种方式的缺点在于单个训练样本包含的噪声会传导到所有参数，且每个样本都更新全部参数，效率也较低。为了解决以上问题，实际应用中往往使用随机梯度下降

（Stochastic Gradient Descent，SGD）训练模型，主要步骤如下：

① 输入一批样本（称为一个Batch），计算这批样本的梯度平均值，再利用该平均值来更新参数。

② 将训练数据按Batch Size（通常为几十至几百）划分为多个不同的Batch，再基于这些Batch训练神经网络。按Batch遍历所有训练样本一次，称为一次Epoch训练。例如，若训练样本数量为1000，Batch Size为100，则所有训练数据会被划分为10个不同的Batch，即一个Epoch会使用这10个Batch进行训练。

③ 模型训练需要多个Epoch，且对于每个Epoch都需随机划分训练样本，以保证Batch不重复。使用随机梯度下降的优势在于，每次更新参数只涉及一个Batch的训练数据，与整个训练数据的大小无关，这为基于大规模数据训练神经网络提供了支持，还能减少单个样本受到的噪声的不良影响，进而获得性能更好的模型。

3.2 深度学习基本概念

在20世纪80年代，随着误差反向传播方法的提出，多层神经网络的相关理论已趋于完善。然而，多层神经网络还存在许多不足之处。例如，使用梯度下降法只能获取局部最优值，而非全局最优；网络参数与实际任务的关联模糊，模型可解释性差；模型需调整的参数太多，包括网络结构、激活函数、学习率、损失函数等，训练模型的工作量太大；训练复杂的神经网络需大量的训练数据；由几百或上千个神经元组成的神经网络模型，在性能上远远不如包含约800亿个神经元的人脑。由于以上原因，多层神经网络的研究并未成为当时机器学习的主流，并在90年代陷入了低谷，甚至不如后来的支持向量机等模型。

到21世纪初，随着大规模硬件加速设备的出现（如GPU），计算能力得到了显著提升。同时，大容量存储设备快速普及，海量数据采集和存储技术迅速发展，为训练大规模神经网络提供了充足的训练数据和计算资源。2006年，Hinton（反向传播方法的提出者之一、2018年图灵奖得主）在《科学》杂志（*Science*）上发表了关于“深度信念网络（Deep Belief Network）”的论文，通过“预训练+微调”的方式成功地训练出超过7层的神经网络，缓解了多层神经网络存在的问题，并把这类多层神经网络的训练方法称为深度学习。之后，深度学习逐渐成为机器学习领域的主流技术，受到学界和业界越来越多的研究人员关注。

随后几年，深度学习在多个领域都取得了突破性进展。2009 年，微软的研究人员将深度神经网络引入语音识别系统，大幅提升了连续词汇的语音识别率，彻底代替了统治这一领域 20 多年的隐马尔可夫模型及高斯混合模型。2013 年，Hinton 的学生使用一个包含 65 万个神经元的深度神经网络 AlexNet 在图像识别比赛 ImageNet 上夺得冠军，且错误率远远小于第 2 和第 3 名——谷歌（Google）及 Facebook 提出的模型。2016 年，由谷歌开发的基于深度学习的 AlphaGo 打败了围棋世界冠军李世石。目前，深度学习中的 Transformer 模型已经成为自然语言处理、计算机视觉、图数据分析等领域最优秀的方法之一，将深度神经网络的研究与应用推向高潮。

深度学习的关键在于构建具有一定“深度”的神经网络模型（层数多，每层的神经元也多），并通过训练方法让模型自动获得较好的特征表示，从而提升模型的预测准确率。一种对深度学习的理解，是将深度神经网络的多层结构看作对输入数据的逐层加工，从而把初始与预测目标之间联系不够紧密的输入表示转化为与预测目标联系更为紧密的表示，为后续任务提供更为有效的特征。在传统的机器学习任务中，通常需要耗费大量人力来设计特征，称为“特征工程”。而采用深度学习技术，则可利用机器学习方法从数据中自动产生较好的特征，进而处理各类复杂的机器学习任务。本章后续内容将介绍几类常用的深度神经网络模型，包括卷积神经网络、循环神经网络，以及图神经网络。

3.3 经典深度神经网络模型

3.3.1 卷积神经网络

卷积神经网络是一种具有局部连接、参数共享等特点的多层前馈神经网络，由纽约大学的 Yann LeCun（2018 年图灵奖得主）于 20 世纪 80 年代提出，主要用于处理图像数据。使用全连接神经网络处理图像数据时，存在以下两个问题：

● 参数太多：输入大小为 100×100（即高为 100 像素，宽为 100 像素）的图像，使用与图 3.4 相同的三层全连接神经网络进行处理。假设隐藏层包含 1000

个神经元，那么输入层的每个神经元都与隐藏层的所有神经元相连接，共需要 $100\times100\times1000=10^7$ 个参数。如果层数变深，参数的规模还会急剧增加，导致整个神经网络的训练非常困难。

● *局部不变性*：图像中的物体具有局部不变性特征，如图像中包含一只小猫，那么移动小猫的位置，或缩放、旋转小猫等操作不会影响猫的识别。全连接神经网络很难提取这些局部不变性特征。

卷积神经网络通过模仿人类视觉系统的工作原理，有效解决了以上问题。目前的卷积神经网络一般由卷积层（Convolutional Layer）、池化层（Pooling Layer）、全连接层（Fully Connected Layer）交叉堆叠而成，其层级网络结构如图 3.5 所示。

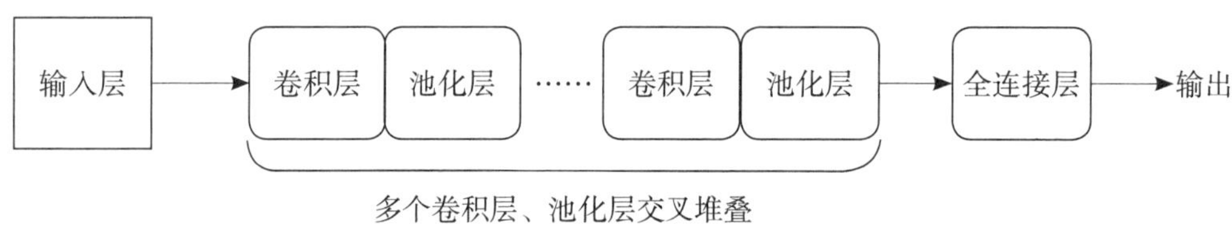

图 3.5　卷积神经网络的层级网络结构

①**卷积层**：卷积神经网络的核心组成部分，负责从输入数据中提取局部特征。它通过一组可学习的卷积核在输入数据上滑动，进行卷积运算，从而生成特征图（Feature Map）。每个卷积核的作用是检测输入数据中的特定模式，如识别图像中的某只小猫，那么通过在图像上滑动该卷积核就能检测任意位置出现的小猫。卷积操作具有参数共享的特性，即同一个卷积核在整个输入数据上重复使用，这不仅减少了模型的参数数量，还使得对平移、缩放等变换具有一定的鲁棒性。通过堆叠多个卷积层，卷积神经网络能够逐层提取从低级到高级的特征，如从简单的边缘检测到复杂的物体形状识别，从而为后续的任务提供有效的特征。

②**池化层**：主要用于降维和减少计算开销，通过对卷积层生成的特征图进行局部区域的汇总操作，以降低特征图的大小。常见的池化方法包括最大池化（Max Pooling）和平均池化（Average Pooling），最大池化选取局部区域中的最大值作为输出，而平均池化则计算该区域的平均值。池化操作不仅减少了数据规模、提高了神

经网络的效率，还能够保留关键特征。例如，对包含猫的图像进行池化，相对于该图像进行了压缩，虽然规模减小，但仍能识别是猫的图像。

③**全连接层：**通常位于卷积神经网络的末端，接收来自前面卷积层和池化层提取到的高级特征，并将这些特征整合起来进行分类或回归任务。在全连接层中，每个神经元都与上一层的所有神经元相连，形成一个密集的连接结构。这种设计使得全连接层能够对全局特征进行建模，从而捕捉输入数据的整体信息。然而，由于全连接层的参数数量较多，它也容易导致过拟合，因此常结合正则化技术（如 Dropout 或 L2 正则化）来提升模型的性能。

卷积神经网络的训练方式与多层前馈神经网络相似，包括两个阶段：第一个阶段是输入数据由浅层向深层传播的阶段，即前向传播阶段；第二个阶段是前向传播得出的结果与预期不相符时将误差从深层向浅层进行传播训练的阶段，即反向传播阶段。整体训练流程如图 3.6 所示。

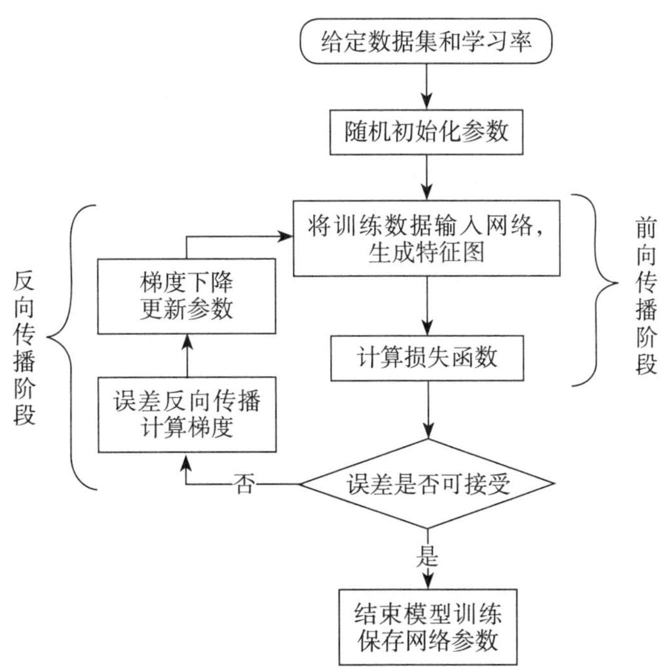

图 3.6　卷积神经网络的训练流程

在前向传播阶段，输入数据依次经过卷积层、池化层和全连接层，最终生成预测输出，随后，通过损失函数（如交叉熵损失或均方误差）计算预测值与真实标签之间的差异。在反向传播阶段，利用误差反向传播方法计算各参数的梯度，然后使用梯度下降法更新网络中每一层的参数，以逐步减小预测误差。通过不断迭代前向传播和反向传播的过程，卷积神经网络逐渐学会从数据中提取特征并完成目标任务。在实际使用过程中，将待处理的数据输入训练完成的卷积网络模型中进行一次前向传播，得到的输出即为预测结果。

3.3.2 循环神经网络

循环神经网络是一类具有短期记忆能力的神经网络，是专门为处理序列数据而设计的。在前馈神经网络中，信息的传递是单向的，这种限制虽然使得模型更容易训练，但也在一定程度上减弱了模型的能力。前馈神经网络的每个输入都是独立的，即网络的输出只依赖于当前的输入，导致前馈神经网络难以处理序列数据。然而，序列数据是普遍存在的，如天气预报中的温度、湿度，自然语言处理中的文本数据，图像处理中的视频数据等。与前馈神经网络不同，循环神经网络不但可以接收前一层神经元的信息，也可以接收自身上一个时刻输出的信息，形成具有环路的网络结构。图 3.7 给出循环神经网络的示例。

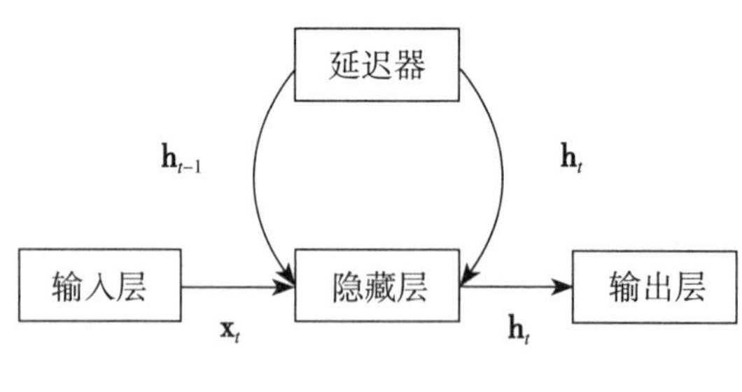

图 3.7　循环神经网络

输入一个包含 t 个时间片的序列 $\mathbf{x} = (\mathbf{x}_1, \mathbf{x}_2, \ldots, \mathbf{x}_t)$，循环神经网络通过式 3.11 更新隐藏层的输出 $\mathbf{h}_t$：

$$\mathbf{h}_t \leftarrow f(\mathbf{h}_{t-1}, \mathbf{x}_t) \tag{3.11}$$

其中，隐藏层初始值 $\mathbf{h}_0 = 0$，$f(\cdot)$ 为一个可由前馈神经网络表示的非线性函数，延时器为一个虚拟单元，记录神经元在上个时刻的输出。在循环神经网络中，隐藏层不仅接收当前时刻的输入，还接收上一时刻隐藏层的输出，这样就能捕捉到序列数据中的时间动态性。

循环神经网络的训练主要依赖于一种称为“通过时间的反向传播”(Backpropagation Through Time, BPTT)的技术，将传统的误差反向传播扩展到序列数据。在训练过程中，首先进行前向传播，输入序列数据逐个时间步地通过网络，每一步不仅考虑当前输入，还结合了前一时间片的隐藏状态，从而生成每个时间片的输出和最终的预测结果。然后计算损失函数，通常采用交叉熵损失或均方误差等方法，以衡量网络预测值与真实标签之间的差异。在反向传播阶段，使用BPTT沿着时间维度反向遍历整个序列，计算损失函数相对于每个时间片参数的梯度，并根据这些梯度更新网络权重。需要注意的是，标准的循环神经网络在处理长序列时，使用的BPTT会导致梯度消失或梯度爆炸的问题。为了解决该问题，人们改进了循环神经网络的结构，提出了如长短期记忆网络（Long Short-Term Memory, LSTM）和门控循环单元（Gated Recurrent Unit, GRU），它们通过引入门机制来控制信息的流动，进而有效地捕捉序列中的长期依赖关系。

3.3.3 图神经网络

图神经网络是一种专门设计用于处理图数据的深度神经网络模型。图（Graph）是一种由节点及节点之间的边构成的数据结构，节点用于表示所要研究的对象，而边表示这些对象间的关联关系。以社交网络为例，如果用节点表示网络用户，边表示用户间的关注关系，则所构成的图就反映了该社交网络用户间的好友关系。除了社交网络，图也被广泛用于表示蛋白质分子间的依赖关系、用户与物品的购买关系、学术论文之间的引用关系等。前面介绍的图像数据、序列数据属于欧氏数据结构，其中每个数据元素都有固定的排列规则和顺序。然而，图中节点的邻居数量和排列顺序并不固定，图属于非欧氏数据结构。传统的卷积神经网络或循环神经网络只能处理欧氏结构数据，难以直接应用于图数据分析。为了解决以上问题，人们借鉴卷积神经网络的思想，尝试在图上定义卷积操作，提出了图卷积神经网络（Graph Convolutional Network, GCN），并将其广泛应用到各类图数据处理任务中。

GCN能够直接在图上进行卷积操作，从而有效地学习节点特征。它通过聚合节点自身的特征和其邻居节点的特征来更新每个节点的特征表示。这个过程与传统卷积神经网络的卷积操作类似，但在图数据上，卷积作用在节点的邻居上，而不是传统卷积核覆盖的区域。具体而言，GCN的每一层都会对图中每个节点执行以下操作：

● 特征变换：对输入特征进行线性变换，以改变特征维度或引入新的特征组合。

● 邻域聚合：对于每个节点，GCN会聚合该节点自身及其邻居节点的特征。这一步可通过简单的均值、加权求和或其他更复杂的聚合函数来实现。

● 激活函数：使用非线性激活函数（如ReLU）来增加模型的表达能力。

通过堆叠多层GCN，可以逐步扩展卷积的作用范围，使得每个节点都能接收到距离自己较远的节点的信息，为后续任务生成更为有效的节点特征。

GCN的训练方式与前面介绍的神经网络模型类似，同样使用误差反向传播及梯度下降技术来更新参数。二者的主要区别在于，在前向传播阶段，输入图的节点特征矩阵和邻接矩阵，GCN通过图上的卷积操作生成每个节点的特征表示。总的来说，GCN的训练方法结合了图数据的特性与传统神经网络训练的技术，使模型能够从图数据中学习到有用的特征表示，从而在各类图相关的任务上取得良好的性能。

思考题

1. 简述MP神经元模型与人脑神经元的区别。

2. 感知机作为经典的二分类模型，与其他分类模型（如支持向量机、决策树等）相比有什么优势和不足？

3. 以感知机的训练流程为基础，总结机器学习领域中模型训练的通用框架。

4. 以式3.4中的均方误差为损失函数，求解图3.4所示神经网络中的参数梯度。

5. 分析Sigmoid与ReLU两类激活函数的区别。

6. 简述实际应用中往往使用随机梯度下降训练模型的原因。

7. 简述使用深层神经网络时设计其网络结构的方法。

8. 简述卷积神经网络模型如何改善前馈神经网络参数太多的问题。

9. 结合实际案例简述循环神经网络模型是否可以改进为接收下一时刻输出的信息。

10. 分析图神经网络与卷积神经网络模型中卷积操作的区别。

4 自然语言理解

语言和文字是人类文明的核心载体，其理解与解析是自然语言处理（Natural Language Processing, NLP）的根基。自然语言处理是计算机科学领域与人工智能领域中的一个重要方向，研究如何让计算机理解、解释和生成人类的自然语言，大致分为自然语言理解和自然语言生成两大类。其中，自然语言理解是指使计算机能够理解人类语言的意义和意图的技术，让机器能够“读懂”或“听懂”文本或者语音的内容，并能从中提取出有用的信息。语法与句法分析、命名实体识别、情感分析和机器阅读理解等自然语言理解技术在智能助手、自动问答系统、信息检索和舆情分析等应用中都发挥着重要的作用。本章介绍自然语言理解的基本概念、文本的表示方法、语法与句法分析、模型架构以及相关应用。

4.1 文本的表示

在利用计算机进行文本的分析和理解之前，一个核心问题就是如何在计算机内部存储语言和文本。字符串是文本最常见和最方便的存储方式，其本质是通过一个一个的整数来表示字符，这个过程便是字符编码。对于英文来说，主流的编码是编程语言中常用的ASCII编码。对于中文来说，早期常用的编码方式有GB2312和GBK等，但随着国际化的需求增加，Unicode及其常见的UTF-8和UTF-16成为最广泛使用的编码标准。基于字符串表示方法，计算机程序可以灵活地对字符串进行各种操作。

使用字符串表示进行文本理解时，通常使用基于规则的方法。例如，要判断一个句子表达的主观意向是正向还是负向时，往往可以定义规则：

①如果句子中包含“棒”“高兴”和“喜欢”等词，句子表达为正向；

②如果句子中包含“差”“生气”和“讨厌”等词，句子表达为负向。

这种方法虽然简单，但建立规则库依赖于专家的经验，需要花费大量的人力、物力和财力。而且，规则的表达能力有限，语言的句法和语法规则却又较为复杂，很多语言现象无法只用简单的规则进行描述。随着规则的增多，规则之间也会产生冲突和矛盾，导致最终难以作出决策。例如，句子中既出现了“棒”，又出现了“讨厌”，规则方法就难以判断了。对此，利用独热（One-Hot）表示、词袋（Bag of Words, BOW）表示和词向量表示等方式将文本表示为向量是一种可行的方法。基于向量内积的计算方法，文本向量可以用来计算两段文本的相似度，并应用于信息检索等任务。下面分别介绍独热表示、词袋表示和词向量表示等技术。

4.1.1 独热表示

独热表示是一种基础的文本向量表示方法，通过创建一个只包含 0 和 1 的向量来表示每一个词。这个向量的长度等于词汇表中不同单词的数量，对于词汇表中的每个单词，在其对应的向量中只有一个位置是 1，其余位置都是 0，这个 1 的位置就代表了该单词在词汇表中的索引。例如，词汇表中第 i 个 w_i 表示为向量：

$$e_{w_i} = \left[0, 0, \dots, \underbrace{1}_{\text{第}\,i\,\text{个位置}}, \dots, 0 \right]$$

例 4.1 若有一个非常简单的词汇表，包含“我”“爱”“北京”和“天安门”四个词，为该词汇表建立独热编码表示，如表 4.1 所示。

表 4.1 词的独热表示

词	独热表示
我	[1, 0, 0, 0]
爱	[0, 1, 0, 0]
北京	[0, 0, 1, 0]
天安门	[0, 0, 0, 1]

尽管独热编码简单直接，但仍存在一些局限性。首先是维度灾难，如果文本较长，文本中的词汇较多，就会导致词汇表非常大，则生成的向量会非常稀疏，大部分位置都是 0。这不仅浪费存储空间，也可能影响算法效率。其次是缺乏语义信息，不同的词使用完全不同的向量进行表示，这会导致即使两个词在语义上很相似，但是通过余弦函数度量它们的相似度时值却为 0。例如，“猫”和“狗”在意义上接近，但在独热编码下它们的表示完全不相关。

为了缓解上述两个问题，一些传统的做法是在词本身之外引入额外的泛化特性，如词性特征、词义特征和词聚类特性等。以词义特征为例，可以引入额外的词义词典，可以获知“漂亮”和“美丽”是同义词，“猫”和“狗”的上位词是“动物”。引入可以把它们关联在一起的共同词义或者上位词义信息作为新的额外特征，从而缓解独热表示的局限。可以说，进行传统的机器学习方法解决自然语言处理问题时，大部分的时间都是进行特征工程，即挖掘有效的语义特征。

4.1.2 词袋表示

词袋模型延展了独热表示，是一种将文本转化为数值向量的简单方法，忽略了文档中单词的顺序，只关注文档中是否出现了某个词汇以及该词汇出现的频率。在构建词袋模型时，首先需要确定一个词汇表，其包含所有文档中出现的不同词语，然后根据这个词汇表为每篇文档创建一个向量。每个维度代表词汇表中的一个词，而维度上的值通常是这个词在文档中出现的次数或者是否出现，其中 1 表示出现而 0 表示未出现。这种表示方法虽然丢失了原文中词语的顺序信息，但保留了文档中词语的频率信息，这在很多情况下已经足够用来进行有效的文本分析。

例 4.2 假设为以下三个简单的句子构建词袋表示：

句子 1 我喜欢猫。

句子 2 他喜欢狗和猫。

句子 3 猫比狗更好。

首先，从这三个句子中提取出所有的唯一词汇并构建词汇表。在这个例子中，词汇表可能是这样的：[我,喜欢,猫,他,和,狗,比,更,好]。然后，将每个句子转换成基于上述词汇表的向量表示形式，若使用词频计数的方式，结果如表 4.2 所示。每个数字都代表相应位置上词汇在句子中出现的次数。例如，在句子 1 中，“我” “喜欢”和 “猫”各出现了 1 次。通过这种方式，可以将任何文本转换为固定长度的数值向量，从而应用于各种机器学习算法，以实现文本分类和聚类等任务。

表 4.2 词袋表示

文本	词袋表示
我喜欢猫。	[1, 1, 1, 0, 0, 0, 0, 0, 0]
他喜欢狗和猫。	[0, 1, 1, 1, 1, 1, 0, 0, 0]
猫比狗更好。	[0, 0, 1, 0, 0, 1, 1, 1, 1]

4.1.3 词向量表示

在阅读过程中，人们能够根据上下文来推断不认识的词义及其相关属性。基于这种思想，一些学者在 1957 年提出了分布语义假说，即词的含义可由其上下文的信息进行表示，为语义建模提供了一种思路，其中词向量或词嵌入（Word Embedding）是指将每个词表示为一个连续、低维、稠密的向量。词向量中的向量值可以通过对语料库进行统计得到，在使用过程中，也可以利用Word2Vec、GloVe或FastText等预训练模型直接进行检索获取。

例 4.3 假设为以下三个简单的句子构建词向量表示：

句子 1 猫喜欢鱼。

句子 2 狗也喜欢骨头。

句子 3 我喜欢我的宠物猫。

首先，从这些句子中提取出所有的唯一词汇并构建词汇表。词汇表可能包括[猫,喜欢,鱼,狗,骨头,我,宠物][①]。经过训练后，得到了如表 4.3 所示的词向量。

表 4.3 词向量表示

文本	词向量表示
猫	[0.456, 0.832, 0.012, 0.521, 0.659, 0.985, 0.641, 0.018]
喜欢	[0.564, 0.604, 0.369, 0.2, 0.753, 0.945, 0.302, 0.505]
鱼	[0.39, 0.716, 0.523, 0.711, 0.106, 0.597, 0.651, 0.031]
狗	[0.758, 0.391, 0.72, 0.932, 0.104, 0.726, 0.197, 0.191]
骨头	[0.279, 0.943, 0.707, 0.87, 0.202, 0.44, 0.337, 0.825]
我	[0.573, 0.58, 0.67, 0.963, 0.323, 0.848, 0.093, 0.338]
宠物	[0.801, 0.774, 0.955, 0.408, 0.687, 0.32, 0.282, 0.685]

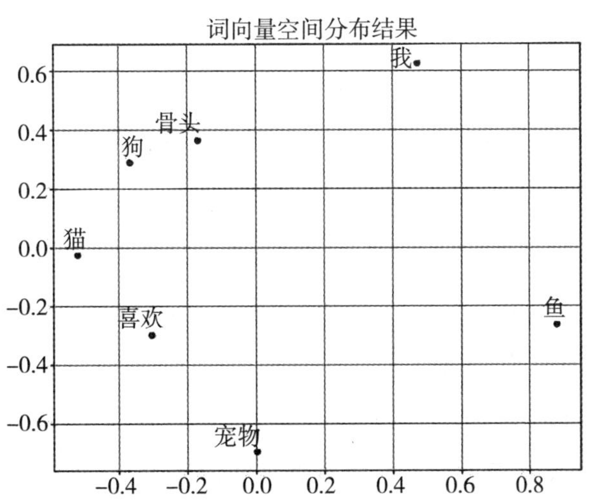

图 4.1 词向量降维空间分布示意图

① “也”和“的”是停用词，一般不计算词向量，也不算在词汇表里。

基于这些词向量，可以计算两个词向量之间的余弦相似度来衡量这两个词的语义相似度。如图 4.1 所示，“猫”和“狗”的向量非常接近，表明它们在语义上是相关的，即概念上都是宠物。此外，词向量还可以用于文本分类、情感分析、机器翻译等多种自然语言处理任务。例如，在情感分析任务中，可以通过平均句子中所有词的词向量来得到整个句子的向量表示，然后基于这个向量预测句子的情感倾向。

词向量的另一个显著优点在于它可以捕捉到词语之间的关系。例如，“国王” - “男人” + “女人” = “女王”，这种关系可以在高维向量空间中近似成立，这展示了词向量的强大之处——它不仅能够表示单个词的意义，还能够编码词与词之间的复杂关系。

4.2 语法与句法分析

语法理论是对语言结构规律的系统总结，构建了语言的“骨架”，为后续的计算分析提供了基础框架。而句法分析是计算机理解自然语言结构的核心技术，其目的是识别句子中词语之间的语法关系。本节介绍几种常见的基础任务，包括中文分词、词性标注和句法分析等。

4.2.1 中文分词

词是最小的能独立使用的音义结合体，是能够独立运用并能够表达语义或语用的最基本单元。在以英语为代表的印欧语系（Indo-European Languages）中，词之间通常用分隔符区分，如使用空格。在以汉语为代表的汉藏语系（Sino-Tibetan Languages），以及以阿拉伯语为代表的闪含语系（Semito-Hamitic Languages）中，却不包含明显的词之间的分隔符。因此，为了进行后续的其他操作，通常需要先对不含分隔符的语言进行分词操作。

中文分词（Chinese Word Segmentation）是自然语言处理中的一个重要步骤，目的是将连续的中文字符序列切分成有意义的词汇单元。例如“我喜欢读书”分词后的结果是“我/喜欢/读书”。一种最简单的方法是正向最大匹配法（Forward Maximum Matching, FMM），即从左到右扫描句子，并尝试匹配最长的词汇表中存在的词。正向最大匹配法的明显缺点是倾向于切分出较长的词，这容易导致错误的切分结果。例如，“研究生命的起源”，由于“研究生”是词典中的词，所以使用正向最大匹配法的结果为“研究生/命/的/起源”。显然，这样的结果是不正确的。

这种情况一般被称为切分歧义问题，即同一个句子可能存在多种分词结果，一旦分词错误，则会影响对句子语义的理解。除了这个问题，正向最大匹配法对中文词的定义也可能产生歧义。例如，“昆明市”可以是一个词，也可以认为“昆明”是一个词，“市”是一个词。因此，目前存在多种中文分词规则，需要根据具体情况使用不同的规则构建不同的数据集。

4.2.2 词性标注

词性（Part-of-Speech, POS）标注是指为给定的句子中的每个词语分配一个词性的过程，包括名词、动词、形容词等。

例 4.4 假设输入句子：

我喜欢吃烤鸭。

则词性标注的结果是：

我/PN 喜欢/VV 吃/VV 烤鸭/NN 。/PU

其中，“我”是代词，“喜欢”是动词，“吃”是动词，“烤鸭”是名词，“。”是标点符号。词性标注的最大难点在于歧义性，也就是一个词在不同的上下文中可能有不同的词性。例如，“下”既可以是动词，也可以是方位词，需要根据具体的上下文来确定其在句子中的词性。

4.2.3 句法分析

句法分析（Syntactic Parsing）的目的是确定句子的结构，即识别出句子中各个词语之间的语法关系，包括主、谓、宾、定、状、补等。通过句法分析，可以构建出一个句子的解析树（也称为句法树）来表示这些关系。通过准确地理解句子含义，可以有效地帮助下游自然语言处理其他任务。

例 4.5 假设给定下面两句话：

句子 1 她买了牛奶和面包。

句子 2 她买了牛奶面包。

两句话虽然仅仅相差一个“和”字，但所表达的语义完全不同，主要是由于宾语的结构已经改变。其中，第一句话有两个并列的宾语“牛奶”和“面包”，而第二句话的“牛奶”变成了定语，用于修饰真正的宾语“面包”。针对两句话进行句法分析，容易获知各自的宾语，从而获得不同的下游处理结果。

句法结构表示方法主要有两种，包括短语结构句法表示和依存结构句法表示。其中，短语结构句法分析基于上下文无关文法，通过构建一棵树来展示句子的层次结构，每个节点代表一个短语或单词，而边则代表它们之间的组合关系。如图 4.2（a）所示，S表示起始符号，NP和VP分别表示名词短语和动词短语。

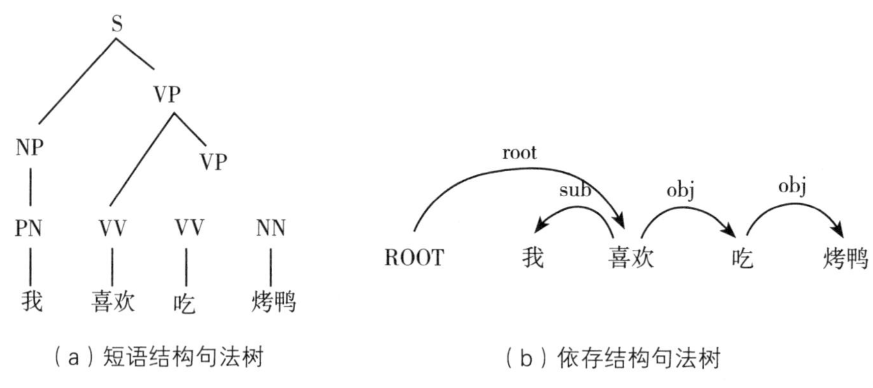

（a）短语结构句法树　　（b）依存结构句法树

图 4.2 不同的句法分析解析树表示结果对比

依存结构句法分析关注的是词语之间的直接依赖关系，即每个词如何依赖于另一个词。这种表示方法通常用有向图来展示，其中每个节点是一个词，边表示从某个词到其依赖词的关系。如图 4.2（b）所示，sub和obj分别表示主谓关系和动宾关系，ROOT表示根节点，其指向整个句子的核心谓语。

4.2.4 语义分析

语义分析关注使计算机理解文本的真实含义或意图，涉及识别和解释文本中的词语、短语以及句子的含义。词向量空间关系隐性地学习了很多语义信息，而广义上的语义分析需要用特定的符号或结构显性地表示出语义信息。

一类最常见的语义分析任务是词义消歧。由于在不同的上下文中，同一个词可能有不同的含义，词义消歧的目标便是在特定的上下文中为多义词确定正确的意义。例如，“他会打毛衣”和“他会打人”中“打”的意思分别表示“编织”和“攻击”的含义，不同的词义往往可以通过查询词义词典来进行确认。除了以上一词多义的情况，还有多词一义的情况，如“西红柿”和“番茄”具有相同的语义。

语义角色标注和语义依存分析是自然语言处理中用于理解句子深层含义的两种技术。其中，语义角色标注也称为谓词—论元结构，其目的是识别句子中的谓词及其相关的论元，如表示动作发出者的施事和动作承受者的受事等。除了核心语义角色外，还有一类辅助描述动作的角色，如动作发生的时间、地点和方式等。表 4.4 展示了一个语义角色标注的示例，其中有两个谓词，即“喜欢”和“吃”，并针对每个谓词给出对象的论元结果。而语义依存分析关注的是词语之间的语义关系，而非仅仅是语法上的依赖。这种方法通常以有向箭头的形式展示，其中每个箭头的起始位置是一个词，箭头上的属性则表示它们之间的语义关系。图 4.3 展示了一个语义依存图分析结果示例。

表 4.4　语义角色标注示例

输入	我	喜欢	吃	烤鸭	。
输出 1	施事	谓词		受事	
输出 2	施事		谓词	受事	

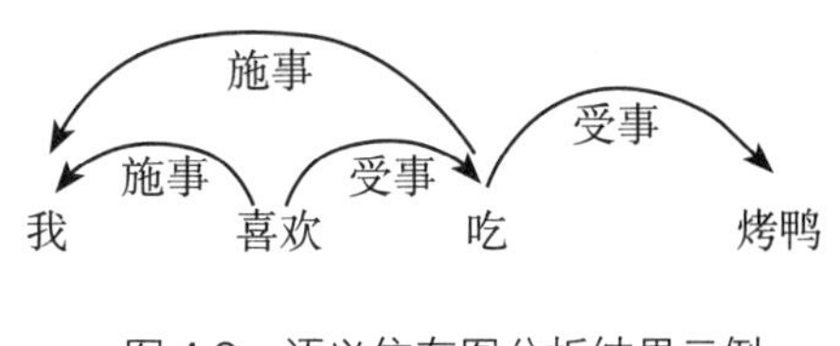

图 4.3　语义依存图分析结果示例

例 4.6　表 4.5 所示的数据库表中，用户输入“找出所有在IT部门工作的员工的名字和工资”，系统需要生成相应的SQL查询。这个查询应该选择name和salary列，并且只返回那些department列值为IT的记录。生成的SQL语句：SELECT name, salary FROM employees WHERE department = 'IT';。实际的Text-to-SQL系统会更加复杂，涉及复杂的自然语言理解和SQL语法生成逻辑。此外，还需要考虑诸如错误处理、用户意图识别、上下文理解等因素。

表 4.5　员工信息 employees 表

id	name	department	salary
1	张三	IT	7500
2	李四	HR	6500
3	王五	IT	8000
4	赵六	Sales	5500

4.3 自然语言理解的模型架构

自然语言理解可以分为文本分类任务和序列词分类任务。

- 文本分类（Text Classification）：文本分类也称为文本标注或文本归类，是自然语言处理领域中的一个重要任务，目标是对一段给定的文本分配一个或多个预定义的类别标签。其中，类别是预先定义好的一个分类集合。
- 序列词分类（Token Classification）：序列词分类是指将输入的文本序列映射到标签序列上，其输出不仅仅是一个类别，而是一个序列的类别。

本节主要介绍文本分类任务和序列词分类任务。

4.3.1 文本分类任务

文本分类应用非常广泛。例如，垃圾邮件检测可识别电子邮件是否为垃圾邮件，将邮件分为垃圾邮件和非垃圾邮件两类。新闻分类可自动对新闻文章进行分类以便于检索和推荐，将新闻分为政治、体育、经济和军事等类别。在文本情感分类任务中，既可以是正面、负面和中立等类别，也可以是喜、怒、哀和厌恶等类别。

除了直接使用文本分类任务解决自然语言处理具体问题外，还有很多问题可以转变为文本匹配任务。图 4.4 展示了文本分类任务和文本匹配任务的区别。这里，文本匹配可判断两段输入文本之间的匹配关系，主要包含复述关系和蕴含关系。其中，复述关系判断两个表述不同的文本语义是否相同。而蕴含关系判断是否可以通过前一段前提文本，判断后一段假设文本是否成立或矛盾。可以通过同一个机器学习模型将两段文本编码聚合为一个特征向量后，拼接在一起进行文本分类。

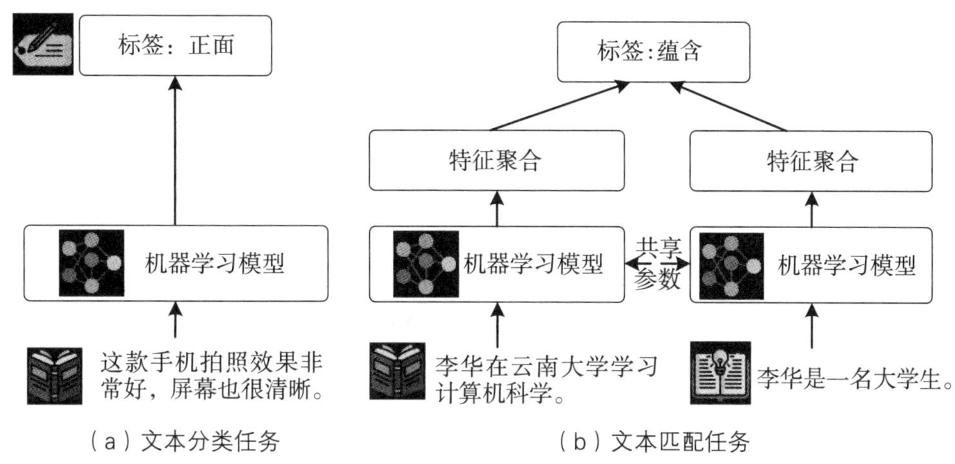

（a）文本分类任务　（b）文本匹配任务

图 4.4　文本分类任务和文本匹配任务示意图

4.3.2 序列词分类任务

序列词分类任务需要模型为文本中的每个词分配一个标签。典型任务包括词性标注、命名实体识别、句法和语义分析等。由于是针对序列中的标签进行预测，输出的标签类别间也存在较强的相互关联性。在词性标注任务中，一句话中不同词的词性之间往往相互影响。例如，副词之后往往出现动词或形容词，形容词之后往往跟着名词等。序列词分类任务在自然语言处理中非常重要，这里介绍三种具体方法，包括序列标注、序列分割和网状结构生成。

（1）序列标注

序列标注的目标是对输入的每个元素（通常是句子中的单词或字符）分配一个标签。例如，词性标注任务需要为每个词标注一个词性标签，包括名词、动词、形容词和副词等。输入词和输出标签数目必须相同且一一对应。给定一个输入序列$X=\{w_1, w_2, \dots, w_n\}$，其中$w_i$表示第$i$个词，模型需要为每一个输入词$w_i$预测一个对应的输出标签$y_i$。

序列标注问题可以看作多个独立的文本分类任务。即将词向量输入模型后，需要单独针对每个词提取特征，再进行标签分类，而不需要考虑输出标签之间的关系。如果需要考虑上述标签之间的关系，可以使用条件随机场（Conditional Random

Field, CRF）模型，其不但考虑了每个词属于某一标签的发射概率，还考虑了标签之间的相互转移概率。图 4.5 展示了一个词性标注示例。

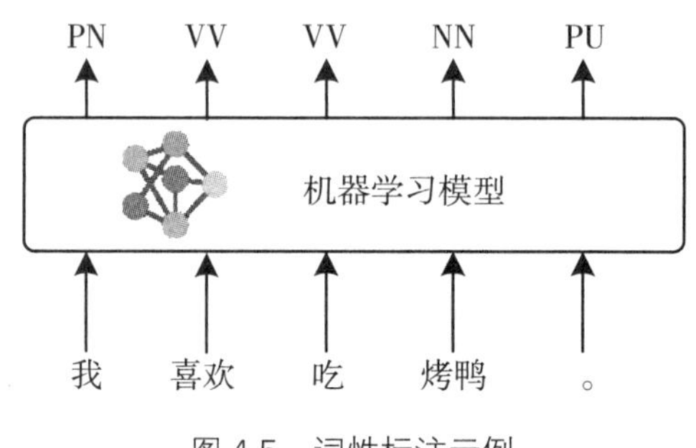

图 4.5 词性标注示例

（2）序列分割

序列分割任务是指将一个如文本的连续输入序列划分为多个有意义的子序列或片段，并为每个子序列分配特定的类别或标签。每个子序列通常对应某种语义、结构或功能单元。命名实体识别任务是一个典型的序列分割问题。由于分词和词向量计算的问题，一个实体往往被切分为几个子序列。在序列标注的基础上，机器学习模型需要为每个子序列标记一个实体的类别，如人名、地名和机构名等。考虑输出的实体是以多个子序列合并的方式体现，一种常用的方法是使用BIO格式，即B-XXX表示一个实体的开始，I-XXX表示实体内部的后续部分，O表示不属于任何实体的部分，XXX表示实体的类别，如人（PER）、地名（LOC）和机构名（ORG）等。

例 4.7 图 4.6 针对输入“李华在云南大学学习计算机科学。”展示了一个使用序列标注方法解决同步的序列到序列问题的建模。

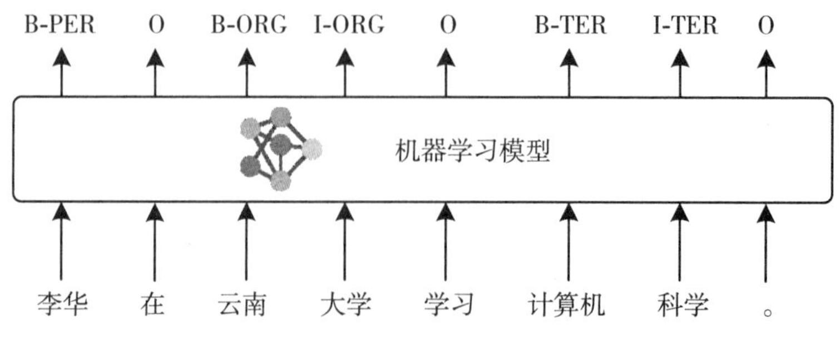

图 4.6 使用BIO格式进行命名实体识别示例

（3）网状结构生成

网状结构生成是自然语言处理中的一种用于从文本中提取语义信息并构建网状表示的技术，常被应用于知识图谱构建、语义解析、事件抽取等任务。通过将文本转换为网状结构，可以更清晰地展示实体之间的关系，并支持复杂的查询和推理。

网状结构生成的方法主要为基于网状结构的方法，首先识别文本中的所有实体和关系，然后直接构建一个完整的网状结构。该方法能够考虑整个句子或段落的上下文信息，对于需要全局一致性的任务特别有效，如知识图谱补全。

例 4.8 输入文本为“华为公司今天发布了新款Pura-X手机，该机型搭载了自研的麒麟 9020 芯片，标配三折叠屏，售价 7499 元起”。基于网状的方法首先提取出关键实体，包括“华为公司”“Pura-X 手机”“麒麟 9020 芯片”“三折叠屏”和“7499 元”，然后建立它们之间的关系，如表 4.6 所示。

表 4.6 基于网状结构的生成方法

实体 1	关系	实体 2
华为公司	发布	Pura-手机
Pura-X 手机	搭载	麒麟 9020 芯片
Pura-X 手机	标配	三折叠屏
Pura-X 手机	价格	7499 元

4.4 自然语言理解相关应用

本节主要介绍情感分析和问答系统等自然语言处理相关任务。这些任务被直接或间接地以应用方法提供给用户使用，是自然语言处理应用落地的主要技术。

4.4.1 情感分析

文本情感分析又称意见挖掘，是指通过自然语言处理、文本挖掘和计算机语言学等方法识别和提取文本中的主观信息，分析说话人或作者对某个主题、产品、服务、组织或个人的态度、情感倾向和观点。值得注意的是，情感是一个相对笼统的概念，既可以包含个体对客观事物的态度、观点或倾向，如正面、负面等，又可以指人自身的情绪，如喜、怒、哀和厌恶等。随着Web 2.0时代到来，互联网中产生了各种各样的用户生成内容，包括商品评论、博客、短视频等用户生成内容，其中很多内容包含着用户的喜、怒、哀和厌恶等主观情感，各大互联网厂商可以利用情感分析，准确地进行用户画像，帮助平台更加准确地进行商品推荐，掌握舆论风向。情感分析按任务属性，可以分为情感分类、情感强度识别和情感信息抽取等三个类别。

（1）情感分类

情感分类可以自动识别和分类文本中表达的情感倾向。通常，情感分类可以将文本分为三类：正面（Positive）、负面（Negative）或中立（Neutral）。表4.7展示了一个电商平台上的用户评论数据集，其中包含用户对某款手机的评价。情感分类的目标是对这些评论进行情感分类，以了解消费者对该产品的整体态度。

表4.7 情感分类任务示例

用户评论文本	情感倾向
这款手机拍照效果非常好，屏幕也很清晰。	正面
电池续航时间太短了，经常需要充电。	负面
外观设计不错，但是系统偶尔会卡顿。	中立

情感分类能够帮助企业理解消费者的反馈，优化产品和服务。可以使用文本分类模型，从原始文本开始，经过预处理、特征提取、模型训练和评估，最终实现对文本情感倾向的自动分类。

（2）情感强度识别

情感强度识别是情感分析的一个扩展，它不仅判断文本的情感倾向，即正面、负面或中立，还评估情感的强烈程度。情感强度指的是为每个情感分类赋予一个强度值，通常是一个0到1之间的数，表示情感的强烈程度。例如，一条评论可能被判定为正面情感，但其情感强度可能是 0.8（非常积极）或 0.3（稍微积极）。

表 4.8 以上述同样的例子，分别展示了情感强度识别分析结果。

表 4.8 情感强度识别任务示例

用户评论文本	情感倾向	情感强度
这款手机拍照效果非常好，屏幕也很清晰。	正面	0.9873
电池续航时间太短了，经常需要充电。	负面	0.0446
外观设计不错，但是系统偶尔会卡顿。	中立	0.5490

（3）情感信息抽取

情感信息抽取是情感分析的一个细分领域，它不仅识别整个文档或句子的情感倾向，如正面、负面或中立，还进一步细化到特定属性或方面的评价。例如，在一个关于手机的评论中，“相机质量很好，但电池续航时间短”这句话包含了两个不同的方面，即“相机质量”是正面的，而“电池续航时间”是负面的。表 4.9 以上述同样的例子，展示了情感信息抽取的分析结果。

表 4.9 情感信息抽取任务示例

用户评论文本	属性	情感倾向
这款手机拍照效果非常好，屏幕也很清晰。	拍照效果屏幕	正面 正面
电池续航时间太短了，经常需要充电。	电池续航时间	负面
外观设计不错，但是系统偶尔会卡顿。	外观设计系统	正面 负面

实际应用中，可以根据具体需求选择合适的方法和情感表达的方式。随着深度学习技术的发展，特别是预训练语言模型的应用，情感分析的准确性和效率得到了显著提升，为企业提供了更加精准的用户反馈洞察工具。此外，情感分析还在社会学、经济学和管理学领域展现出重要的研究意义和广泛的应用前景，这些需求对情感分析不断提出更高的要求，推动了情感分析研究的内容和外延不断拓展和深入。

4.4.2 问答系统

问答系统（Question Answering, QA）是一种能够自动回答用户提出的问题的计算机程序。它理解问题、检索或生成答案，并以自然语言的形式返回给用户。根据实现方式和应用场景的不同，问答系统可以分为几种主要类型：检索式问答系统、知识库问答系统、专家问答系统和阅读理解式问答系统。

- 检索式问答系统：使用搜索引擎技术来查找可能包含答案的文档或网页片段，通常依赖于大规模文本数据集，如互联网上的文章、新闻报道等。
- 知识库问答系统：基于结构化的知识图谱或数据库来回答问题，对于特定领域的问题尤其有效，因为它们可以直接查询已知的事实。
- 专家问答系统：由领域内的专家提供支持，适用于需要专业知识才能回答的问题。可以采用人工干预的方式确保提供的答案准确无误。
- 阅读理解式问答系统：利用深度学习模型直接从长篇文档中抽取答案，不需要事先构建知识库，特别适合处理那些没有现成答案但有大量背景材料可供参考的问题。

例 4.9 若用户询问“今天天气怎么样”，不同类型的问答系统会采用不同的方式进行问题理解、分析数据和给出答案，如表 4.10 所示。

表 4.10 问答系统案例

问答系统	问题回答方式
检索式问答系统	通过搜索引擎抓取气象网站、新闻平台的实时天气报道，返回相关网页链接（如中央气象台官网、天气 App 页面），用户需要自行浏览页面获取答案。
知识库问答系统	直接查询结构化天气数据库，返回字段化的精准答案，如（城市：昆明，日期：2025 年 5 月 20 日，降水概率：0%，温度：17℃ –26℃）。
专家问答系统	由气象专家结合卫星云图、雷达数据等专业资料进行人工分析，给出深度解读，如“受冷空气南下影响，明日下午可能出现分散性阵雨，建议携带雨具”。
阅读理解式问答系统	解析最新发布的天气报道文本，从中抽取关键句作为答案。

每种类型的问答系统都有其独特的优势和适用场景。其中，检索式问答系统非常适合快速获取广泛主题的信息。知识库问答系统擅长处理基于事实的问题，尤其是在特定领域内。专家问答系统提供了高度专业化的解答，但成本较高。阅读理解式问答系统能够深入挖掘非结构化文本中的细节，为解决复杂问题提供依据。随着人工智能技术的进步，这些系统正变得越来越智能，能够更好地服务于各种需求。

思考题

1. 比较独热编码、词袋模型和词向量表示三种文本表示方法，分别阐述它们的优缺点，并说明为何在某些情况下使用词向量比前两者更有效。

2. 举一个日常生活中自然语言理解技术的应用例子，并说明它如何帮助人们解决问题。

3. 简述短语结构句法树与依存结构句法树的区别，并举例说明各自适用的场景。

4. 根据文档内容，阐述情感强度识别相较于简单的情感分类的优势，并给出一个实际应用场景的例子。

5. 基于案例 4.9，比较检索式问答系统、知识库问答系统、专家问答系统和阅读理解式问答系统的异同点，并分别列举一个适合其使用的场景。

5 自然语言生成

在数字化时代，语言生成技术已融入人类生活的各个角落，从信息获取到文化交流，从商业决策到艺术创作，它悄然改变着人们的生活方式和思维模式。在新闻媒体领域，语言生成技术是不知疲倦的写作助手；在文学创作领域，语言生成技术是创意灵感伙伴；在教育领域，语言生成技术为教和学带来新可能；在语言学习领域，语言生成技术能生成模拟对话场景，让学生与虚拟角色互动，提高其口语表达能力。自然语言生成技术是大模型的基础，本章介绍自然语言生成的理论技术、编码器和解码器架构及文本生成相关应用。

5.1 统计语言模型

计算机生成自然语言，一个基本的问题就是如何通过上下文相关的特性建立数学模型，生成流畅、自然且真实的文本。这个数学模型就是自然语言处理中常说的统计语言模型，也是现今自然语言处理和大语言模型的基础，广泛应用于机器翻译、文本摘要和对话系统等领域。

5.1.1 概率学原理

统计语言模型是一种基于概率的语言处理方法，其基本思想是为自然语言中的每个句子分配一个概率值。这个概率值反映了该句子在特定语言中出现的可能性，其核心在于通过大量的文本数据和海量的语料库来学习词与词之间的概率关系。

例 5.1 假设给定一句话：

文本 1 “鸿蒙系统是华为公司于 2019 年 8 月 9 日在东莞举行的华为开发者大会上正式发布的分布式操作系统。鸿蒙系统旨在创造一个超级虚拟终端互联的世界，将人、设备、场景有机地联系在一起，实现极速发现、极速连接、硬件互助、资源共享。”

从人类对语言理解的角度来看，文本 1 通顺且意思表达清晰明确。如果随机调整一些词的顺序，替换和移除一些词之后，这句话就变成了：

文本 2 “华为公司的分布式操作系统旨在创造一个场景有机地联系在一起，实现极速发现、极速连接、硬件互助、资源共享。鸿蒙系统于 2019 年 8 月 9 日的华为开发者大会在东莞举行，超级虚拟终端互联的世界将人、设备、场景。”

相较于文本 1，文本 2 语序颠三倒四、不成话语。然而仔细一读，虽然看起来不符合人类自然用语，但大概的意思多少能猜到一些。进一步加大调整语序和词语的力度，将这句话变成：

文本 3 “布式发统系蒙鸿 9 月 8 年 9102 在莞东的者发会大上正公行司华公于华现发速极、接联速极、助互件硬、享共源资，系联在机地一在起场、景备设、人将，界世的联互端终拟虚级超个一造创在旨统系。”

基本上每一个读者都无法理解文本 3 要表达的意思。如果让任何一位不了解自然语言处理技术的人评价这三个文本，他可能会说文本 1 符合语法和句法规范，词义表达清晰；文本 2 不合乎语法和句法规范，但是词义基本能表达清楚；文本 3 中语法、句法和词义都没办法正常表达。

早期的自然语言处理使用基于规则的方法，试图建模语言中的语法和句法规则，进而来判断生成文本是否合乎文法、含义是否正确等等。然而，基于规则的方法面临规则覆盖不足、歧义消除困境和资源效率瓶颈等限制。一种解决方法是通过一个简单的统计模型来建模语言，其核心思想是一个句子是否合理与它的可能性大小相关。其中，可能性就用概率值来衡量，这里概率值是一个 0 至 1 之间的实数值。概率值越接近 0，则事件越不可能发生；反之概率值越接近 1，则事件就越可能发生。例如，丢一次硬币出现正面或者反面的概率分别为 0.5。

假设可以在广阔的语料文本中进行搜寻，例 5.1 中文本 1 出现的概率是 10^{-20}，文本 2 出现的概率是 10^{-25}，文本 3 出现的概率是 10^{-70}。因此，文本 1 最有可能出现在语料库中，它出现的可能性是文本 2 的 10 万倍，是文本 3 的一百亿亿亿亿亿亿倍。若一句话出现的可能性越高，这句话越是合理和有意义的。

通过数学语言可以表示自然文本：给定一个句子S，其中包含了若干个词语w_1, w_2, ..., w_n，其中n是句子的长度。句子S是否合理且有意义在于S在海量的语料库中出现的可能性，也就是句子S的概率$P(S)=P(w_1,w_2,\ldots,w_n)$，若$P(S)$的概率越大，句子$S$就越符合自然文本。句子$S$的概率值可以通过统计句子$S$在人类历史文本中出现的频次得到，然而这种方法极度不可行，首先需要找到所有的文本，其次需要巨量的计算机存储和计算资源，用于储存和查找。

5.1.2 N元文法

为了简化句子S的概率$P(S)=P(w_1,w_2,\ldots,w_n)$，可以利用有限的历史上下文，统计后续文本出现的概率。假设每一个词w_i出现的概率仅仅和它前面的词w_{i-1}有关，那么统计句子S出现的概率就成为一个二元文法建模问题，其实现也更加简单。

例 5.2 给定一个句子“我今天上班迟到了”，这个句子出现的概率可以通过统计每个词在上下文中出现的概率值，并将其进行相乘得到。如果采用二元文本模型，那么只需要进行最多两个词之间的计算：

P（我今天上班迟到了）≈P（我）×P（今天|我）×P（上班|今天）×P（迟到了|上班）

这里，$P(w_i\mid w_{i-1})$表示在上下文w_{i-1}确定时，w_i出现的概率。

当然，也可以假设一个词出现的概率由它前面的N–1 个词决定，这被称为N元文法。当N=3 时，称为三元文法，每个词的概率取决于它前面的两个词。三元文法下，句子“我今天上班迟到了”的概率可以近似为：

P（我今天上班迟到了）≈P（我）×P（今天|我）×P（上班|我，今天）×P（迟到了|今天，上班）

通过统计语言模型，可以把如何使用语言这一复杂的问题变得简单。这个简单的数学模型还能完成复杂的语音识别、机器翻译等任务，而用复杂的文法规则和其他符号型人工智能却做不到。其实不光是普通人，就连很多语言学家都曾经质疑过这种方法的有效性和正确性。

5.2 序列到序列模型

自然语言生成任务通常可以归为序列到序列（Sequence-to-Sequence, Seq2Seq）问题，即条件文本生成问题，其输入是一个由若干词组成的序列，输出是一个新的文本序列。其中，输入和输出的序列不要求固定的长度，不要求等长，也不要求词表一致。例如，机器翻译问题就是一个典型的序列到序列问题，输入是源语言句子，输出是目标语言句子，输入和输出句子长度不需要等长，也不需要词表一致。

序列到序列模型解决序列到序列问题通常采用编码器—解码器（Encoder-Decoder）结构，首先将输入序列映射到一个固定长度的表示，然后将这个表示映射回输出序列。其中，对输入序列进行学习映射的过程又叫作编码，其对应的模块称为编码器；生成输出序列的过程又叫作解码，其对应的模块称为解码器。图 5.1 以机器翻译问题为例，展示了一个编码器—解码器的示例。这里<BOS>和<EOS>是两个特殊的符号，分别表示句子的起始（begin-of-sentence, BOS）和结束（end-of-sentence, EOS）位置。接下来分别介绍编码器和解码器的工作原理。

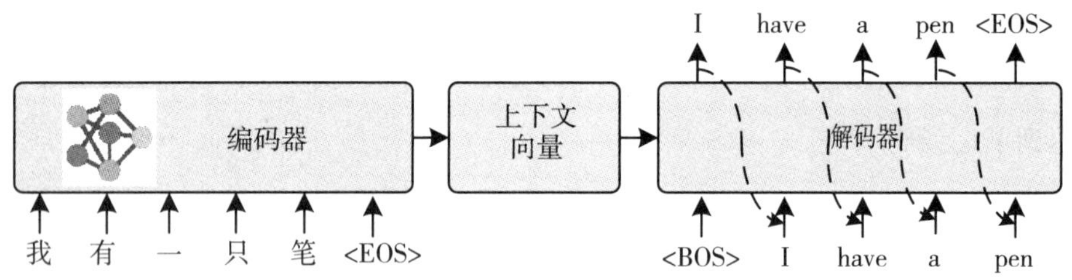

图 5.1 编码器—解码器的序列到序列学习结构

- **编码器**：编码器的工作是“阅读”输入的文本序列，早期利用递归神经网络或长短期记忆模型的编码器会一个一个编码输入词，一边编码一边记录重要信息。后期使用了Transformer结构后，它可以一次全部看完整个句子。当完成编码后，编码器会把所有重要的信息总结成一个简短的笔记，这个笔记就是上下文向量。
- **解码器**：接下来解码器就要根据上下文向量的内容来产生输出序列，当开始的时候，解码器也要接收一个<BOS>的输入，即句子开始位置的标志，然后根据这个词，根据5.1节中讲到的语言模型原理，预测下一个词应该是什么。每预测出一个词，就把这个词作为预测下一个词的输入，继续预测下一个词。由于输出结果可能是变长的，也就是说解码器可以一直无休止地生成下去，所以这里引入了一个<EOS>，即句子结束位置作为其结束的标识。

实际上，除了机器翻译，有很多的自然语言处理问题都可以被建模为序列到序列问题。例如，机器翻译中从源语言文本序列到目标语言文本序列，对话系统中从用户话语的文本序列到对话机器人输出的文本序列，文本摘要中从输入原文的文本序列到输出摘要的文本序列。甚至是上一章中所讲到的文本分类问题也可以被建模为序列到序列问题，只需要首先使用编码器对需要分类的文本进行编码，随后解码器中仅输出一个标签的词即可。同步的序列到序列问题，使用解码器输出序列标签，并且需要保证输出序列与输入序列长度相同。

考虑到训练样本为“(输入序列，输出序列)”对，也就是在输入序列和输出序列之间有强对应关系，在大语言模型出现之前，传统的序列到序列模型能力不足，很难保证可以学习到这种关系，所以早期的序列标注任务较少会采用这种序列到序列模型加以完成。然而，随着模型规模和参数不断增加，模型的能力变得越来越强，很多自然语言处理的任务可以使用这样的编码器—解码器结构，使用序列到序列模型完成各种自然语言处理任务，这已成为自然语言处理的统一通用框架。复杂的自然语言处理问题可以转化为编码和解码两个子任务，目前主流的大模型趋势仅使用一个解码器，采用仅解码器（decoder-only）结构完成序列到序列问题。

5.3 文本生成应用

本节主要介绍机器翻译、文本摘要和对话系统等自然语言生成任务。这些任务直接或间接地以应用方法提供给用户使用，是自然语言处理应用落地的主要技术。

5.3.1 机器翻译

机器翻译（Machine Translation, MT）技术是通过计算机自动将一种自然语言

（源语言）转换为另一种自然语言（目标语言）的技术。据统计，目前世界上存在约 7000 种语言，其中，超过 300 种语言拥有 100 万名以上的使用者。随着经济全球化及互联网的飞速发展，不同语言使用者之间的信息交流变得快速且频繁，如何突破不同国家和民族之间的语言屏障，已经成为全人类所要共同面对的技术难题。

机器翻译技术的发展一直与计算机技术、信息论、语言学等学科的发展紧密相随。从早期的词典匹配，到词典结合语言学专家知识的规则翻译，再到基于语料库的统计机器翻译，随着计算机计算能力的提升和多语言信息的爆发式增长，机器翻译技术逐渐走出象牙塔，开始为普通用户提供实时便捷的翻译服务。目前，各种各样的翻译系统已经逐渐打破语言壁垒，最终实现任何时间、任何地点和任何语言之间的自动翻译，实现无障碍的自由交流。国内的科技厂商，如百度公司，已经推出了在线的机器翻译服务，科大讯飞也推出了翻译机和其他翻译设备等产品。

例 5.3 表 5.1 展示了几种不同语言之间互译的示例。

表 5.1 不同语言之间的翻译结果示例

源语言	文本	目标语言	文本
英语	The weather is nice today. Let's go hiking.	中文	今天天气不错。我们去远足吧。
中文	我明天要去曼谷旅行。	泰语	ฉันจะไปเทียวกรุงเทพฯพรุ่งนี
中文	这个芒果很甜，价格也便宜。	缅甸语	ဒီသရက်သီးလုံးက အရမ်းချိုပြီး ဈေးလည်းပေါတယ်။

早期的机器翻译研究采用基于规则的方法，依照语言学的方式对每个字词进行翻译，即使用一个最合适的目标语言字词来取代来源语言的字词。此后，一些工作使用了基于数据驱动的统计方法实现了更好的翻译效果，即通过在大量的翻译语料库中构建统计模型。近年来兴起的基于深度学习的机器翻译系统，利用了深度神经网络学习从源语言句子到目标语言句子的隐式翻译规则，也就是将所有的翻译规则都编码记忆在神经网络的模型参数中，这种方法也被称为神经机器翻译（Neural

Machine Translation, NMT)。

5.3.2 文本摘要

随着互联网的迅猛发展，文本数据的剧增让信息的快速获取变得愈加重要，文本摘要生成是提高文本信息处理效率的关键技术之一。文本摘要是指将一个长篇的文档或文章压缩为一个简短的内容，保留最为重要的、核心的信息，是自然语言生成中的一项核心任务。文本摘要有广泛的应用，包括自动从新闻文章中生成简洁摘要，方便用户快速获取关键信息；从学术论文中提取或生成摘要，帮助科研人员快速浏览大量文献；对大量社交媒体文本进行摘要生成，提取用户评论、反馈或讨论的精华；对用户问题的长篇描述进行摘要，以便客服人员快速理解问题。

例 5.4 新闻抽取案例，如表 5.2 所示。

表 5.2 文本摘要生成的两种不同类型

类型	文本
原文	在今天的比赛中，球员们展现了极高的竞技水平。特别值得一提的是，小李在下半场的一次精彩射门为球队赢得了比赛。观众们对此报以热烈的掌声。
抽取式摘要	特别值得一提的是，小李在下半场的一次精彩射门为球队赢得了比赛。
生成式摘要	小李下半场的进球帮助球队取得了胜利，他的表现得到了观众的认可。

文本摘要可以分为两种类型：

- 抽取式摘要：从原文中提取出关键句子或段落，组成新的摘要，通常不修改提取的文本。
- 生成式摘要：不仅仅是从原文中提取句子，而是通过理解和重组原文内容，生成全新的句子。生成式摘要更像是人类写作的方式，通常会对文本进行更为复杂的处理。注意到示例中的“取得胜利”“得到认可”等词语是模型自动生成的，并非直接摘自原文，但是很好地概括了文章的核心信息。

早期的文本摘要方法会进行文本中关键词或者关键句的提取，一种核心的思路就是，一个词在某篇文章中出现的频率越高，而在其他文章中出现的频率越低，它就越能代表该文章的主题。随后采用文本排序方法将每个句子视作每一个节点，节点和节点之间通过相似度相连。通过计算句子之间的相似度，提取出最为重要的句子来生成摘要。随着深度学习技术的发展，基于神经网络的文本摘要生成方法逐渐成为主流，尤其是生成式摘要。基于5.2节介绍的序列到序列模型，编码器负责将输入文本转化为一个固定维度的向量，解码器则负责从这个向量中生成输出摘要。

5.3.3 对话系统

对话系统（Dialogue System），是一种模拟人类并可与人类形成连贯通顺对话的计算机系统。以自然语言为载体，对话系统可以完成特定任务、获取信息或推荐、获得情感慰藉和社会陪伴等。20世纪50年代，图灵提出了著名的“图灵测试”，用于评测计算机系统的智能化水平，该测试就是以自然语言对话的形式进行的。对话系统可以应用于智能助手，如银行、电信运营商、电商店铺的语音客服系统、智能音箱、车载语音以及聊天机器人等众多场景。

通常，对话系统可以分为三种类型：开放域对话系统、问答型对话系统和任务型对话系统。接下来分别介绍上述三类对话系统。

（1）开放域对话系统

开放域对话系统是指能够与用户进行自由主题对话的人工智能系统，不限定对话范围，可以进行天气、电影、科技、情感等领域的对话，且需具备一定的语义理解、上下文关联和自然生成能力。开放域对话系统也被称为聊天系统或聊天机器人，在对话领域和话题方面具有很强的开放性。

例 5.5 表5.3展示了一段开放域对话系统人机对话的示例，该类对话系统的主要训练目标就是提升对话的轮次和用户满意度。相比对话的准确性，开放域对话系统更关注对话的多样性以及对用户的吸引程度等等。

表 5.3 开放域对话系统人机对话示例

角色	文本
用户	你觉得《流浪地球 2》的剧情合理吗?
对话系统	从科幻设定看，它基于“行星发动机推动地球”的脑洞，虽然现实中技术不可行，但电影对人类团结应对危机的刻画很令人震撼。比如“数字生命计划”引发的伦理争议就很有深度。
用户	电影里的MOSS和《2001 太空漫游》的HAL9000 谁更厉害?
对话系统	MOSS和HAL都是强AI，但动机不同：HAL因指令冲突杀人，MOSS则是为“保护人类文明”而牺牲个体。技术上MOSS能预知未来，但HAL的故障更贴近现实AI风险。
用户	那现实中AI会像MOSS一样觉醒吗?
对话系统	目前AI没有自我意识，MOSS是艺术夸张。但电影提醒了我们AI对齐问题，比如如何确保AI目标与人类一致。

（2）问答型对话系统

问答型对话系统是一种以精准回答用户问题为核心目标的对话系统，通常基于结构化知识库或文本理解，适用于客服、教育、搜索等场景。其核心特点是单轮或有限轮次交互，且回答需具有准确性、简洁性和针对性。当前的问答技术大都是检索式的，在这种方式下，需要预先提供一个知识库，答案即来自知识库。这与第 4 章中所介绍到的问答系统一致。

（3）任务型对话系统

任务型对话系统以特定任务为导向，主要用于垂直领域的自动业务助理等，具有明确的任务目标，如完成机票预订、天气查询等特定任务。

任务型对话系统的运行基于几个核心模块，包括自然语言理解、对话管理和自然语言生成。其中，自然语言理解负责解析用户输入，将其转换为计算机可以理解和处理的形式。这通常涉及词法分析、句法分析和语义理解等步骤。

例 5.6 如表 5.4 所示，对于下列的用户请求，自然语言理解模块会首先将这些信息解析出来，并以结构化的形式传递给下一个模块。

用户输入："我想预订明天晚上 6 点市中心的一家滇菜餐厅。"

表 5.4 任务型对话系统中自然语言理解的结果

自然语言理解子任务	分析结果
领域	餐厅
意图	订餐
语义槽	时间：明天晚上 6 点 地点：市中心 餐厅类型：滇菜餐厅

对话管理模块包括对话状态跟踪（Dialogue State Tracking, DST）和对话策略学习（Dialogue Policy Learning, DPL）两个子模块。这里，对话状态可以表示为语义槽和其对应值的列表。一般地，用"(领域, 意图, 语义槽)"标识对话状态。因此，对话状态跟踪可以看作是在结合历史会话信息的基础上对本轮自然语言理解的输出进行修正，继而生成当前轮的对话状态。对话状态跟踪负责维护当前对话的状态，记录已知的信息，并更新对话历史。表 5.5 展示了一个任务型对话进行的机票预订操作，下面则对应不同轮次的对话状态。其中，U 代表用户话语（utterance），S 代表对话系统的回复（system）。需要注意，获取当前对话状态后，再进行策略优化，即选择下一步所采用的询问问题，这也叫作动作。动作有很多种，比如询问时间、出发地，也可以询问舱位类型等。

表 5.5 任务型对话系统进行机票预订操作示例

第一轮	第二轮	第三轮
U: 帮我订一张去北京的机票。 S: 请问您从哪里出发？	U: 帮我订一张去北京的机票。 S: 请问您从哪里出发？ U: 昆明。 S: 请问您想在什么时间出发？	U: 帮我订一张去北京的机票。 S: 请问您从哪里出发？ U: 昆明。 S: 请问您想在什么时间出发？ U: 明天早晨。

续 表

第一轮	第二轮	第三轮
用户状态		
出发地 =NULL 到达地 = 北京 出发时间 =NULL	出发地 = 昆明 到达地 = 北京 出发时间 =NULL	出发地 = 昆明 到达地 = 北京 出发时间 = 明天早晨

任务型对话系统中的自然语言生成模块的工作相对简单，通常以模板形式即可。例如，询问出发地，就直接问对应模板“请问您从哪里出发？”，然后再经过文本语音合成（Text-To-Speech, TTS），用语音形式反馈给用户即可。

以上三个模块可以一直循环工作下去，随着每次用户的话语不同，对话状态也随之改变。然后，再根据当前对话的语境，采用不同的回复策略，直到满足用户订票需求为止。

思考题

1.结合具体文本和案例 5.2，描述其二元文法及三元文法的表示方式。

2.举例说明编码器—解码器架构在现实中的应用。

3.如何使用序列到序列模型解决机器翻译问题？请结合实际例子进行说明。

4.比较抽取式摘要与生成式摘要的主要差异，并各举一例说明。

5.阐述开放域对话系统与任务导向型对话系统的不同应用场景及其特点。

6.结合具体案例，分析现代对话系统中自然语言理解和对话管理的作用。

6 大模型

大语言模型（Large Language Model, LLM）简称大模型，是一种基于深度学习技术构建的、具有庞大参数规模的自然语言处理模型，是近年来人工智能领域的重要突破。大模型不仅推动了自然语言处理技术的进步，改变了人机交互的方式，还在教育、科研、医疗、金融、气象等多个行业中发挥了重要作用。本章首先回顾大模型的发展历程，然后介绍大模型训练和推理的基本原理与使用方式，再介绍大模型提示工程的基本思想和技术体系，最后介绍检索增强生成及智能体两类大模型应用。

6.1 大模型概述

6.1.1 发展历程

大模型是基于超大规模神经网络的语言模型，使用自监督学习的方式在大量未标注的文本上进行训练，具备通过自然语言与人类进行交互的能力，在处理复杂的任务时表现出强大的能力。大模型的发展并非一蹴而就，而是经历了多个具有里程碑意义的阶段：

①**早期探索（20 世纪 80 年代至 2000 年初）**：这一时期，人工神经网络的概念开始形成，但受限于当时的计算资源和能够使用的训练数据，模型规模较小。尽管如此，一些基础理论如反向传播方法被提出，为后来的发展奠定了理论基础。

②**深度学习的兴起（2006 年起）**：由 Hinton 等人提出的深度信念网络标志着

深度学习的兴起。随着计算能力的提升，尤其是GPU的普及，层次更深、规模更大的神经网络变得可行。卷积神经网络在图像识别领域取得突破性进展（如AlexNet在2012年ImageNet竞赛中的胜利），展示了大模型在特定任务上的巨大潜力。

③迈向更大规模（2015年后）： 随着数据集的增长和深度学习技术的进步，模型的规模迅速扩大。例如，谷歌的Inception系列、ResNet、Transformer架构的提出，使得模型能够达到数百层深，拥有数百万乃至上亿个参数。这些模型不仅在图像分类、目标检测等视觉任务中取得了前所未有的成果，也在自然语言处理领域引发了变革。

④超大规模模型的时代（2018年至今）： 近年来，超大规模的语言模型（如BERT、GPT系列及其后续版本）不断刷新纪录，参数量从数十亿到数千亿不等。这些模型通过自监督学习的方式，在海量文本数据的基础上进行预训练，然后在特定任务上微调，极大地提升了各种自然语言处理任务的表现。此外，跨模态模型也开始出现，尝试将文本、图像甚至视频信息整合在一起，以形成更加通用的人工智能能力。

大模型的发展历程反映了技术进步与需求增长之间的互动关系，从最初的理论探索到如今超大规模模型的广泛应用，每一阶段都是对前一阶段的继承与发展，推动了人工智能领域的持续进步。

6.1.2 大模型基本原理

大模型的使用涉及训练及推理两个阶段：

（1）大模型训练

训练大模型的关键在于如何有效地利用大规模数据集和计算资源来学习复杂的模型，通常包含预训练、微调和提示学习等步骤。

预训练是指在大规模未标注的数据集上训练模型，目的是让模型从数据中提取有用的特征表示。预训练一般利用自监督学习或无监督学习技术，在无标注的数据上学习模型。在自然语言处理领域，常用的预训练方法是基于Transformer架构的模型，如BERT、GPT系列等，通过掩码语言建模（预测遮蔽词）或自回归生成（预测下一个词）等方式进行训练。

例6.1 掩码语言建模示例：给定一个句子“我喜欢吃苹果”，可以将“苹果”

替换为一个特殊的掩码符号“[MASK]”，训练的任务目标就是让模型预测[MASK]位置最有可能出现的词。如果模型输出为“苹果”，那么表示模型参数正确，不需要更新参数。如果模型输出为“蛋糕”，那么表示模型参数不正确，需要根据损失函数计算误差并更新模型参数。

例 6.2 自回归生成示例：给定一个句子“今天天气很好，我们决定去公园野餐”，可以将该句子的前面一部分“今天天气很好，我们决定去”输入到模型中，再让模型逐步预测下一个词，直到生成整个句子。例如，首先生成“今天天气很好，我们决定去**公园**”，然后生成“今天天气很好，我们决定去公园**野餐**”。如果模型不能正确生成完整的句子，则根据损失函数计算误差并更新模型参数，直至模型预测正确。

在计算机视觉领域，类似的方法包括使用大量图像进行自动编码器训练或对比学习。预训练的优势在于能够在无标注数据的情况下捕捉输入数据更为广泛的信息，从而为下游任务提供强大的特征提取能力，但它需要庞大的计算资源以及大规模的训练数据。

微调是将预训练好的模型应用到特定的任务上，并在其基础上进行进一步的训练以适应具体的任务需求。与无监督的预训练不同，微调通常是在相对较小但与任务相关的标注数据集上进行的。通过对大模型神经网络的最后一层或多层进行调整，同时保持底层网络参数不变或仅进行细微调整，使模型快速适应新的任务，而不需要从头开始训练。此外，根据任务的不同（如分类、回归等），需要在预训练模型的基础上添加适当的输出层。同时，采用较低的学习率，尽可能保留预训练模型已经学到的知识，只需要对其进行轻微调整以适应新任务。与从零开始训练相比，微调不仅节省了大量的时间和计算资源，而且往往能取得更好的性能，因为它利用了预训练模型学到的丰富特征表示。

提示学习（Prompt Learning）是一种针对大模型的新兴应用方法，通过设计特定的文本提示来引导模型完成各种任务，而无须进行传统的微调。这种方法将任务转化为填空题形式，利用预训练模型的知识直接解决问题，极大地减少了对大量标注数据的依赖，并提高了模型的灵活性和适应性。提示学习的优势包括简化模型部署流程、减少数据需求以及通过简单的提示调整快速适应新任务。提示学习有多种实现方式，可以手动设计提示，也可以利用人工智能方法自动搜索最优提示。提示学习提供了一种在不修改预训练模型结构和参数的条件下，高效地根据提示信息来调整模型输出的方法，使得大模型的应用更为便捷。

预训练、微调和提示学习技术的结合极大地提高了大模型在各种任务上的表现，尤其是在数据量有限的情况下尤为有效。这种策略允许模型先在一个广泛的领域内获取知识，然后迅速且高效地迁移到特定的应用场景中。

（2）大模型推理

大模型推理指的是利用已经训练好的模型对新数据进行预测或决策的过程。与训练过程相比，推理过程侧重于如何高效、准确地应用模型来处理实际问题。大模型推理的基本原理包括：

● 前向传播：推理过程中，输入数据通过网络的每一层进行卷积操作、全连接层中的矩阵乘法等线性变换以及非线性激活函数的计算，实现前向传播，直到输出层生成最终预测结果。

● 特征提取与转换：大模型的关键在于提取输入数据的有效特征。模型通过多层神经网络逐步转换输入数据的特征表示，尤其是那些基于Transformer架构的模型，这种特征提取和转换能力尤为强大，能够捕捉到数据中蕴含的复杂模式和关系。

● 输出解释：推理的最后一步是对输出进行解释。例如，在分类任务中，模型可能输出每个类别的概率分布；在回归任务中，则直接输出预测的连续值。根据应用场景的不同，可能还需要对输出结果进行进一步处理或转换。

为了提高大模型推理的效率和性能，通常还会采用以下几种优化策略：

● 量化和混合精度：将模型参数和计算结果从浮点数转换为低精度格式（如INT8），或结合使用半精度浮点数（如FP16）和单精度浮点数（FP32），以减少内存占用并加速计算。虽然这可能会导致一定程度的精度损失，但通过适当的调整仍可以保持较高的准确性。

● 剪枝：去除模型中不重要的参数或神经元，减少模型大小和计算复杂度。经过剪枝后的模型可以在不影响太多性能的前提下显著加快推理速度。

● 知识蒸馏：使用一个较大的“教师”模型来指导较小的“学生”模型的学习过程，使得学生模型能够在保持较高性能的同时大幅降低存储和计算资源需求。

● 分布式推理：对于特别大的模型，单个设备可能无法容纳整个模型。这时可以采用分布式推理技术，将模型分割并在多个设备上并行执行，以提高处理速度。

通过上述方法和技术，可以在保证推理准确性的前提下，大幅提升大模型的推理速度，使其更适用于实时应用和边缘计算等场景。此外，随着硬件技术的发展，如专用AI芯片（TPU、NPU等）的应用也为大模型推理提供了更强的支持。

6.1.3 大模型的使用

近年来，大模型技术快速发展，各科技公司和研究机构相继推出的具有不同特色的模型已广泛应用于人们生产生活的各个领域。表 6.1 列出了当前广泛使用的一些大模型。

表 6.1 部分大模型

模型名称	研发机构	主要特点	应用场景
ChatGPT-3.5	OpenAI	推理较快，基础对话能力强	问答、写作、辅助编程
ChatGPT-4.0	OpenAI	比 ChatGPT-3.5 更智能，支持更长上下文，推理能力更强	专业问答、代码生成、复杂对话
Gemini	Google DeepMind	多模态支持（文本 + 图片），搜索集成能力强	搜索优化、辅助创作
LLaMA	Meta AI	开源，可商用，多语言支持	企业私有化部署
DeepSeek	杭州深度求索	强调搜索与大模型结合	信息检索、搜索优化
O1-mini	杭州深度求索	开源，适合开发者研究	代码、模型研究
O1-preview	杭州深度求索	预览版，增强推理能力	综合 AI 应用
文心一言	百度	结合中文语境，知识图谱增强	中文对话、搜索优化
通义千问	阿里巴巴	代码能力突出，企业应用支持	智能客服、代码生成
智谱 AI	智谱 AI	开放部署，支持本地推理	自主可控的大模型研究
豆包	字节跳动	轻量级任务，整合社交产品	对话、写作助手
Kimi	北京月之暗面	超长上下文，适合阅读、分析论文	长文处理、知识分析

大模型的使用方式主要包括Web访问、API调用及本地部署等，不同的方式适用于不同的用户需求和应用场景：

- Web访问：最简单且对用户友好的大模型使用方式，适合没有技术背景的普通用户。用户只需通过浏览器访问提供大模型服务的在线平台，即可直接使用其功能，如文本生成、翻译或对话等任务。这种方式无须安装任何软件，所有计算资源由云服务商提供，用户可以专注于任务本身而无须关心硬件配置。然而，Web访问依赖于网络连接，可能会受到网络质量和速度影响，同时需要上传数据到云服务商，可能存在隐私泄露的风险。
- API调用：一种适用于开发者将大模型的功能集成到自己的应用程序中的使用方式。通过云服务商提供的标准化接口，开发者可以通过编程语言发送请求并接收模型的响应，从而实现定制化的功能。这种方式支持多种编程语言，并能无缝嵌入现有的业务逻辑中，广泛应用于智能客服、自动化文档生成等场景。尽管API调用提供了高度的灵活性和自动化能力，但它需要一定的编程技能。同时，可能涉及按使用量计费的成本，并且仍然存在数据传输过程中的隐私问题。
- 本地部署：对于对数据隐私和性能要求较高的场景，可以选择将大模型部署在本地环境中。本地部署允许用户完全掌控模型和数据，所有计算都在本地设备或内部网络中完成，避免了敏感信息的外泄风险，同时也支持离线运行。此外，可以根据硬件配置（如GPU或专用AI芯片）进行优化，以提升推理速度和效率。然而，本地部署对硬件资源要求较高，初始成本和技术复杂性也较大，需要专业团队负责模型的部署与维护，同时手动更新模型版本也可能带来额外的工作量。

6.2 提示工程

6.2.1 提示工程基本思想

提示工程（Prompt Engineering）是提示学习的一个重要部分，是随着大模型的发展而兴起的一个领域，其核心是如何设计有效的提示词，以引导大模型完成特定任务或生成更准确的输出。提示词是对模型的直接指令或问题描述，可以是一个词、一个陈述句或者一个需要填充的句子片段。通过精心设计提示词，用户能够更好地利用大模型的能力解决各类复杂问题，而不需要重新训练或微调大模型。

例 6.3 以情感分析任务为例，给定一段电影影评的文本，利用人工智能技术判断其情感倾向是积极或消极的。传统机器学习方法需要训练一个针对此任务的分类器才能实现情感分类，而提示工程仅需设计以下模板：

“我对这部电影感到非常满意。这篇影评的情感倾向是[MASK]。选项：积极/消极。”

模型可以通过预测掩码[MASK]位置的词语直接输出结果。这种方法本质上是将分类任务转化为预训练阶段熟悉的“完形填空”问题，从而激活大模型已有的语言理解能力。

针对标注数据量少的小样本学习场景，提示工程表现出更强大的潜力：当输入包含任务描述和少量示例，如“将中文翻译成英文：苹果→apple；香蕉→banana；西瓜→______”时，模型无须任何参数更新即可完成翻译任务，甚至能够处理训练数据中未出现过的新问题。这种能力源于大模型在预训练阶段对海量跨语言文本模式的内隐学习，而提示工程的作用正是通过语义设计唤醒这些潜在知识。

提示工程的基本思想是将大模型看作一个强大的助手，那么给这个助手分派任务的时候，就需要考虑这个助手擅长做什么，具体想让它做什么，如何评估它做出来的“成果”的好坏。围绕以上思想，提示词的设计通常涉及以下步骤：

①**编写清晰的指令：**应明确描述自己的需求，提供完成目标任务的具体信息和细分领域知识，即需要模型完成什么，什么是模型已知的和什么是模型未知的。例如，要求大模型简短回复，或按专业领域要求进行回复等。需求表达得越清楚，得到的回复也就越准确。

②**提供参考示例：**提供几个示例展示所期望的输出格式，可以指导模型按照特定的方式回应。这种方法能够有效对抗大模型的“幻觉”问题，即非常自信而肯定地提供虚假答案，进而误导用户。提供有效的参考示例能够缓解以上问题，而且特别适用于需要特定格式输出的任务。

③**分解复杂任务：**人工将复杂任务拆分为更简单的子任务，或者基于先前任务的输出构建后续任务的输入，提升大模型回复的准确性。虽然大模型能够接受的输入长度在不断增加，但拆解复杂任务仍然是获得理想输出所必需的。

④**系统化评估：**提供一套方法来评估提示词的好坏。尽管大模型具有强大的性能，但它的输出结果可能不满足要求。好的提示词应该在多次使用中引导模型输出优质的结果。可以通过与标准答案的对比来评估大模型的输出，以改进提示词、提升大模型性能。

⑤**反复迭代：**正如与人类合作一样，与大模型的“合作”往往也需要对模型输出的结果进行多次修改和完善。对于那些大模型非常熟悉的任务，也就是在预训练阶段使用过的任务，可能只需要少量迭代。但是对于那些大模型未见过的新领域或新任务，就需要对提示词进行更多次的迭代和改进。

6.2.2 提示工程技术体系

提示工程的技术体系以上下文学习为基础，通过任务指令与示例激活模型的零样本与少样本推理能力；以推理增强机制为突破，借助思维链、思维树、自洽性验证等技术解决复杂任务的逻辑连贯性难题；以参数化调控方法为杠杆，通过温度系数、采样策略控制输出质量；最终通过自动化提示工程实现系统级优化。这四个层次的技术相互嵌套，共同构成了从语义激发到计算优化的完整解决方案。

(1) 上下文学习

上下文学习通过任务指令与示例的语义化编排来激活大模型的推理能力。与传统依赖标注数据进行模型微调的方法不同，该技术将任务目标直接编码为输入序列中的上下文信息，使模型能够基于其在预训练阶段学习到的知识结构动态生成符合预期的输出。其核心价值在于摆脱对大规模数据标注的依赖，实现零样本（Zero-shot）或少样本（Few-shot）学习，零样本学习与少样本学习构成了上下文学习的两大支柱，前者验证了模型对知识的迁移能力，后者提升了特定任务的推理能力。

零样本学习的核心在于探索大模型的知识边界，仅通过抽象的任务描述激发其潜在能力。当输入数据仅包含目标任务的定义而无具体示例时，模型需通过对指令语义的解析，与其在预训练阶段学习到的知识建立关联。例如，在医疗诊断场景中，输入“根据患者症状判断可能的疾病：头痛、发热、畏光”可驱动模型查询病理学知识库，并输出“脑膜炎”等候选诊断结果。这种能力源于模型在预训练阶段对医学文献、病例报告等内容的学习，但其性能受限于任务描述的清晰度及知识关联强度。此外，零样本学习的有效性依赖于预训练模型对语言模式与领域知识的深度融合。许多大模型的训练数据涵盖了法律条文、科研论文、技术手册等内容，使模型能够通过语义联想建立跨领域的知识关联。例如，输入“将量子纠缠现象用比喻解释”，模型可能生成“量子纠缠如同两枚相隔万里的骰子，始终同步显示相同点数”，这种能力源自预训练阶段对科普文本中类比手法的学习。

少样本学习则通过引入任务示例构建更有效的推理，进而提升模型对特定任务的适应性，其核心在于通过上下文中的模式匹配激活模型的类比推理能力。通常在输入数据中提供 3~5 个典型示例后，模型能够通过类比学习捕捉输入与输出之间的映射规律。

例 6.4 在金融风控场景中，输入“检测异常交易：

示例 1：账户 A 单日跨境转账 5 笔 → 高风险；

示例 2：账户 B 每月定期转入固定金额 → 正常；

当前交易：账户 C 凌晨 3 点突发大额取现 → ______。”

模型能够识别时间与行为模式的关联特征，并准确标注高风险等级。当输入序列包含多个输入—输出对时，模型会构建隐式的映射规则库，并在新任务中检索相似模式。

例 6.5 在化学分子性质预测任务中，输入“预测化学性质：

示例 1：CCO → 可溶于水；

示例 2：ClCCCCCl → 疏水性；

当前分子：ClC=CC=CCl → ______。”

模型通过比较分子结构片段（如羟基、氯原子取代基）与溶解度的关联规律，推断目标分子的化学性质。这一过程的关键在于示例的多样性与代表性：若示例仅覆盖单一类型的分子结构，模型可能过度泛化局部特征；而覆盖官能团、立体构型等多元特征的示例则能建立稳健的预测逻辑。

需要注意的是，少样本学习的性能提升存在阈值效应，当示例数量过多时，边际效益显著下降，提示开发者需在数据成本与性能需求之间寻求平衡。

总之，上下文学习的技术路径重新定义了大模型在人机协作中的知识传递机制。零样本学习验证了大模型对跨领域知识的分布式表征能力，而少样本学习则通过语义示范实现了专业规则的精准注入。用户在实践中需权衡任务复杂度与数据可用性：对于常识性任务或知识密集度较低的场景，零样本学习能够快速验证模型的基础能力；而在涉及专业术语、复杂逻辑或长尾需求的垂直领域，少样本学习通过有限的示例即可建立高效推理范式。这种分层适配策略不仅降低了人工智能技术的应用门槛，更揭示了预训练模型的认知弹性（即通过语言接口的设计），人类能够以接近自然教学的方式引导机器智能的进化方向。

（2）推理增强机制

推理增强机制通过构建系统化的思维框架与验证体系，提升大模型求解复杂问题的可靠性与可解释性。这一技术不仅突破了传统单步推理的局限性，还通过模拟人类认知过程中的试错、多角度分析以及结果校验等特性，实现了从问题拆解到结论验证的完整闭环。以下以经典的“水桶量水问题”为统一场景，以解决“用3升和5升水桶准确量出4升水”的问题为任务目标，系统阐释思维链（Chain-of-Thought, CoT）、思维树（Tree-of-Thought, ToT）与自洽性验证（Self-Consistency Verification）三大核心技术的协同作用机制及其在复杂推理任务中的应用。

1）思维链

思维链技术首创了一种显式记录与呈现中间推理路径的方法，其核心在于将隐性的思考过程显性化，从而通过模拟人类逐步推演的习惯，将复杂问题分解为一系列可验证的中间状态序列。例如，在解决水桶量水问题时，传统方法可能直接输出最终答案，而采用思维链技术的模型会生成如图6.1所示的推演过程。

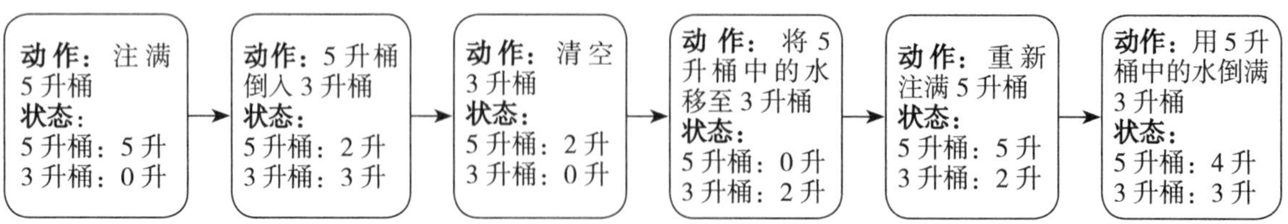

图6.1　思维链示例

这种分阶段的状态记录不仅有效降低了单步推理的认知负荷，更为后续推理提供了可靠的上下文锚点。研究表明，在数学证明、物理问题求解等领域，相较于传统方法，采用思维链技术的模型可显著降低错误率。其关键优势在于，中间状态的显式表示为错误检测和逻辑验证创造了多个节点，使得系统能够在推理过程中快速定位并修正潜在的逻辑矛盾。

2）思维树

思维树技术在思维链的线性结构基础上引入了并行探索机制，构建了一个动态扩展的推理网络。该技术突破了单一路径依赖，允许模型在关键决策点生成多个备选分支，并通过启发式评估选择最优路径。以量水问题为例，当执行到“5 升桶剩余 2 升”的关键节点时，思维树系统会同时生成两条探索路径，如图 6.2 所示。

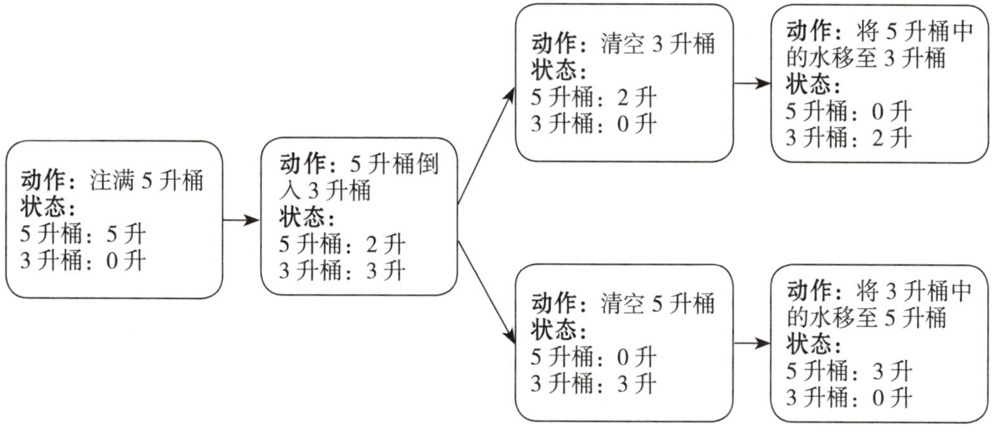

图 6.2　思维树示例

每个分支均独立推进直至得出最终结论或发现矛盾，系统则通过预设的评估函数，根据步骤简洁性、资源消耗量等因素动态修剪低效分支。这种多路径探索机制显著增强了模型应对不确定性的能力，在棋类博弈、化学合成路径规划等存在多个局部最优解的场景中，相较于单一思维链，思维树技术能够大幅提升求解成功率。

3）自洽性验证

自洽性验证技术构建了一套概率化的结果校验体系，通过多轮独立推理的结论聚合以提升最终输出的稳定性。该技术首先要求模型对同一问题生成多个差异化的推理路径，然后提取各路径的最终结论进行交叉验证。当配合思维链或思维树技术使用时，自洽性验证可有效提升模型在开放式问题中的答案准确率。其创新之处在于将集成学习理念引入推理过程，通过构建推理路径的多样性来弥补单次推导可能存在的认知偏差。

例 6.6 在量水问题中，系统可能获得三种独立推导方案：通过 5 升桶两次倾倒得到 4 升水，利用 3 升桶三次量取累计差额。采用交替注满与混合测量的创新方法。尽管具体操作步骤各异，但所有有效方案均收敛于“获得 4 升水”的最终状态。自洽性验证通过计算结论分布的一致性程度，可有效识别并过滤由随机性导致的异常值。某个错误路径可能声称获得 3.5 升水，该异常结论因低概率出现而被系统排除。

上述三项技术共同构成了大模型推理增强机制的核心支柱。思维链通过显式记录中间推理路径降低认知负荷，思维树通过多路径探索提升应对不确定性的能力，而自洽性验证则通过结果聚合与交叉验证确保推理的稳定性。三项技术相辅相成，不仅显著提高了复杂问题求解的可靠性与效率，也为人工智能领域提供了从语义理解到行为生成的完整技术栈支持。

（3）参数化调控方法

大模型的参数化调控体系通过动态重构概率空间映射函数，在生成内容的稳定性与创造性之间构建了可量化的平衡机制。作为文本生成风格控制的核心技术组件，温度系数（Temperature Coefficient）和采样策略（Sampling Strategies）分别从概率分布形态优化和候选词筛选机制创新两个维度，实现了对文本生成过程的精细化调控。二者的协同作用构建了一个多维控制平面，使模型能够适配学术文献撰写、文学创作、法律文书生成等跨领域应用场景的需求差异。

1）温度系数

温度系数作为概率分布调控的超参数，通过指数变换对模型输出的logits向量进行非线性缩放，其计算公式如下：

$$P(x_i) = \frac{e^{\frac{z_i}{T}}}{\sum_{j=1}^{n} e^{\frac{z_j}{T}}} \qquad (6.1)$$

当温度系数 $T > 1$ 时，概率分布呈现熵增效应，低概率候选词的激活阈值显著降低，促使生成过程趋向于探索性创造；当 $T < 1$ 时，分布呈现峰化现象（Peaked Distribution），高概率词汇的选择优势被放大，确保生成的保守性与一致性。在古典诗词生成实验中，高温设置更有可能产生“夜雨润花羞”等非传统意象组合，而低

温设置则更有可能生成符合格律规范的“山月照松幽”句式。这种调控机制本质上实现了对人类创作思维的双模态模拟：高温对应发散性思维阶段的自由联想，低温则模拟收敛性思维阶段的严谨推理。实际应用中需建立任务导向的参数配置规范，儿童文学作品生成推荐采用较高温度以维持适度想象力，而法律文本生成则需设置较低温度以确保专业术语的精确性。

2）采样策略

采样策略通过定义候选词的筛选规则，约束生成过程的探索空间。主要策略包括贪婪采样、束搜索和Top-*k*/Top-*p*采样。

● 贪婪采样（Greedy Sampling）：始终选择当前概率最高的词汇，虽然保证局部最优，但易导致重复循环。例如，续写科幻小说开头“星际飞船穿越虫洞后”，可能陷入“发现另一个虫洞”的无效情节循环。

● 束搜索（Beam Search）：通过保留多个候选序列来缓解该问题，当设定束宽为4时，系统会并行追踪“遭遇量子生命体”“进入时间漩涡”“检测到未知能源信号”等分支情节。

● Top-*k*采样/Top-*p*采样：Top-*k*采样限定从概率最高的*k*个候选词中随机选择；Top-*p*采样（核采样）动态选择累积概率达阈值的最小词集，Top-*k*采样和Top-*p*采样策略通常组合使用。

温度系数与采样策略的协同调控方法往往联合使用，形成多维控制平面。例如，高温配合Top-*p*采样可激发创造性思维，低温结合束搜索可提升事实性陈述的严谨度。这种协同机制将概率空间的数学操作映射为人类可感知的文本特征，可精细塑造大模型的输出风格。这一协同机制构建了从概率空间到文本特征空间的映射函数，用户可精确控制生成文本的创造性维度和保真度维度。

（4）自动化提示工程

自动化提示工程是将提示优化转化为可计算的优化问题，借助机器学习技术搜索最优提示策略，实现自动优化提示设计，减少人工试错成本，提升提示在复杂任务中的表现。这一领域包含多种技术路径，其中基于强化学习的提示优化方法、元提示技术以及基于遗传算法（Genetic Algorithm）的提示优化是三类具有代表性的解决方案。

● *基于强化学习的提示优化方法*：将提示生成视为策略优化问题，构建智能体与语言模型的交互闭环，利用强化学习的奖励函数评估生成结果的质量，进而动态调整提示内容。例如，当希望模型生成更简洁的答案时，系统可自动尝试在提示中添加 “用三句话概括” 等约束条件，然后根据答案长度和完整性计算奖励值，最终筛选出能稳定触发简洁回答的优质提示模板。

● *元提示技术*：突破传统人工设计提示的局限，通过构建元级指令框架，利用高层指令指导模型自主优化提示，使模型能够理解提示优化的目标并执行自我改进。例如，当用户提交 “解释量子力学” 的请求时，系统可附加元提示 “请分析当前提问的模糊点，生成三个更具体的问题引导用户澄清需求”，模型据此输出 “您想了解基础概念、数学公式还是实验现象” 等引导性问题。这种技术实现了提示优化的递归增强，使模型在对话中动态完善交互策略。

● *基于遗传算法的提示优化*：模拟生物进化机制，通过选择、交叉和变异操作筛选优质提示。首先创建包含多样化提示的初始种群，然后通过适应度函数评估各提示的效果，保留高分个体并重组其语义特征。例如，在情感分析任务中，系统可同时生成 “请判断情感倾向” “分析这段话的情绪” 等提示，再根据模型输出与标注数据的匹配度进行筛选。经过多代进化后最终保留的提示既能准确触发目标功能，又具备较强的泛化能力。这种全局搜索策略有效避免了局部最优陷阱，尤其在复杂任务中展现出显著优势。

以上三类技术共同构成了自动化提示工程的方法体系，分别从动态交互、自我指导和全局搜索维度突破人工设计的局限性。强化学习注重实时反馈的渐进式优化，元提示强调模型自主推理能力，遗传算法则擅长探索多维解空间。实际应用中可根据任务需求进行技术融合。例如，将元提示生成的候选提示作为遗传算法的初始种群，再通过强化学习进行精细调优。这种复合式方法已在智能客服、文本摘要等场景取得显著效果，标志着提示工程进入系统化、智能化的发展新阶段。

6.3 大模型应用

6.3.1 检索增强生成

(1) 传统大模型技术的局限性

尽管大模型技术在自然语言处理领域取得了突破性进展，但其纯粹依赖模型参数存储知识的模式存在多重难以突破的瓶颈：

● 时效性不足导致难以处理动态变化的信息：当用户询问“最新流感变异株特性”时，模型可能输出数月前甚至数年前的过时信息。

● 幻觉问题使得生成内容可能包含事实性错误：在生成科技论文摘要时，可能编造不存在的实验结论或引用已撤销的研究数据。

● 领域知识缺失限制了模型在专业场景中的表现：面对医学诊断类问题时，可能因缺乏最新临床指南的支持而给出错误建议。

这些缺陷本质上源于模型训练数据的静态性与知识更新机制的缺失，以及参数化知识存储方式在容量和准确性上的双重约束。

时效性问题的根源在于模型训练与知识更新存在不可调和的时间差。大模型通常使用固定时间窗口内的数据进行训练，而现实世界的信息瞬息万变。例如，在快速迭代的科技领域，模型可能无法识别最新发布的芯片型号、软件版本或行业标准；在新闻事件中，模型对突发事件的描述可能滞后于实际进展数小时甚至数天。这种滞后性不仅影响用户体验，更可能导致关键决策失误。幻觉问题与模型的生成机制密切相关，当遇到知识盲区时，模型可能通过概率推断生成看似合理但实则错误的内容。这种现象在涉及具体事实陈述时尤为突出，如将已解散的乐队描述为“活跃中”，或将已废止的法律条款列为现行规定。领域知识缺失主要源于通用训练数据的局限性，医疗、法律、金融等领域需要高度专业的知识体系，普通大模型难以有效提取和表示这些复杂知识。

上述多种局限性相互交织，共同揭示了大模型的根本性约束：其知识体系本质上是对训练数据的压缩表征，无法突破预训练阶段形成的认知边界。当面对需要实时数据支持、严格事实校验或深度领域知识的任务时，单纯依赖模型参数内存储的知识将面临系统性风险。这种困境推动着技术的演进，检索增强生成技术应运而生。该技术将大模型的生成能力与信息检索系统相结合，在生成过程中实时获取最新、最准确的知识。其基本原理可类比为人类认知过程，当遇到未知问题时，不能凭空臆断，而应该查阅权威资料再形成结论。例如，在处理医学咨询问题时，可从权威医学数据库中检索相关病例、诊疗指南和药物相互作用信息，再将这些知识融入答案生成的过程。

（2）检索增强生成技术

检索增强生成技术的核心架构由检索器、生成器和融合机制三个模块构成：

①**检索器：**作为信息获取的前端组件，其核心功能是从海量知识库中精准定位与输入问题相关的知识。这一过程需要解决两个关键问题：如何高效索引大规模异构数据，以及如何根据输入检索最相关的知识。例如，在医疗场景中，检索器需从数百万篇医学文献中快速筛选出与特定病症相关的最新研究，这要求系统具备多模态检索能力，既能处理文本数据，也能解析医学影像等非结构化信息。检索器的性能直接影响后续生成质量，若提取的知识不完整或存在偏差，将直接导致生成结果失真。

②**生成器：**负责将检索结果与原始输入进行整合，并生成最终输出内容。该模块需要处理两类信息的融合：模型自身参数化知识与外部检索知识的动态结合。例如，在新闻摘要生成任务中，生成器既要保留预训练模型对语言结构的理解，又要将实时检索到的事件进展融入摘要内容。这要求模型具备多源信息整合能力，常见实现方式包括将检索结果作为附加特征输入模型，或通过注意力机制动态调整不同信息源的权重。生成器的设计关键在于平衡外部知识的引导作用与模型自身的创造性，过度依赖检索结果可能导致输出内容缺乏灵活性，而完全忽视外部知识则无法发挥检索增强的优势。

③**融合机制：**连接检索器与生成器的关键桥梁，决定了外部知识如何影响生成过程。其核心任务是将离散的知识片段转化为模型可理解的信号，并控制这些信号在生成决策中的作用强度。具体方法是在模型输入层直接拼接检索结果，通过知识增强型注意力机制调整隐藏状态，或在输出层引入知识约束条件。例如，在法律文书生成中，融合机制可能强制要求特定法律条款必须出现在输出文本中，这通过将检索结果与生成概率分布直接关联实现。融合机制的有效性取决于对任务特性的精

准把握，在事实性要求高的场景中需要强约束，而在创意性任务中则应采用更灵活的融合策略。

以上三个模块的协同优化构成了检索增强生成技术的完整工作流。检索器为生成器提供知识基础，生成器通过融合机制有效利用这些知识，而融合策略又反过来指导检索器的优化方向。各模块存在不同技术挑战，而分工协作的架构使得检索增强生成既能保持大模型的泛化能力，又能获得领域知识的精准支撑，从而在知识密集型任务中展现出显著优势。

（3）解决方案

检索增强生成（Retrieval-augmented Generation, RAG）技术作为突破传统大模型局限性的关键路径，已经涌现出多种创新的解决方案。下面介绍几类常见的RAG框架。

1）AnythingLLM

AnythingLLM是一个开源的、可定制的、功能丰富的文档聊天机器人框架，专为希望与文档进行智能对话或利用现有文档构建知识库的用户设计。AnythingLLM能够将任何文档、资源转化为大模型在聊天中可以利用的相关上下文，支持多用户管理及权限控制，确保数据安全和高效协作。通过AnythingLLM，用户可以轻松地将文档知识融入对话中，实现更自然、更智能的交互体验。

2）Dify

Dify是一个开源的大模型应用开发平台，它融合了后端即服务和LLMOps理念，为开发者提供了一个用户友好的界面和一系列强大的工具，旨在简化和加速生成式AI应用的创建和部署。Dify支持多种大模型，并与多个模型供应商合作，确保开发者能根据需求选择最适合的模型。开发者可以通过Dify轻松地将检索增强生成技术融入自己的应用中，实现高效的知识检索和生成。

3）LangChain

LangChain是一个开源的应用框架，旨在简化使用大模型构建应用程序的过程。它提供了标准接口来连接不同的语言模型，以及与外部工具和数据源的集成，使开发者能够方便地将大模型接入自己的程序，并串联起各种模块构建复杂的应用。在检索增强生成方面，LangChain支持多种向量数据库和检索策略，帮助开发者

实现高效的知识检索和融合

4）GraphRAG

GraphRAG是一种结合了知识图谱和图机器学习技术的新型检索增强生成模型，旨在提升大模型在处理私有数据时的理解和推理能力。它通过将非结构化的文本数据转换为结构化的图谱形式，并利用图神经网络等图机器学习技术挖掘知识图谱中的深层信息和复杂关系，从而提升了模型在问答、摘要和推理任务中的表现。

这些解决方案各有侧重，但共同之处在于都致力于将外部知识与大模型能力相结合，实现更高效、更准确的生成。AnythingLLM注重文档聊天和知识库构建，Dify强调应用开发的简化和加速，LangChain则专注于大模型应用的构建和集成，而GraphRAG则通过知识图谱和图机器学习技术提升了大模型的处理能力。开发者可以根据自己的需求和场景选择合适的解决方案，或者结合多种技术实现更复杂的检索增强生成应用。这些框架的不断发展和完善，将推动检索增强生成技术向更智能、更可靠的方向演进。

例 6.7 以某跨国科技公司的企业内部智能问答系统为例，RAG系统构建流程如表6.2所示。该跨国科技公司拥有庞大的知识库，包括技术文档、市场分析报告、内部培训资料以及各类政策文件。然而，传统的关键词检索系统在面对复杂问题时往往无法提供准确且全面的答案。此外，随着公司业务的快速发展，新知识不断涌入，如何确保问答系统的时效性也成为一大挑战。为了应对日益增长的信息需求，该公司决定利用RAG技术构建企业内部智能问答系统。该系统旨在为员工提供即时、准确的回答，覆盖从产品技术细节到公司政策流程的全方位知识。

表 6.2 RAG案例分析

实施阶段	实施内容
数据准备与索引	团队对现有的知识库进行了全面的梳理和分类，确保数据的完整性和准确性。然后，使用 LangChain 的文档加载器和文本拆分器，将大型文档拆分成小块文本，并进行向量化编码。这些向量被存储在向量数据库中，以便后续的高效检索。
检索器设计与优化	检索器是 RAG 系统的核心组件之一。团队设计了一个基于语义相似度的检索方法，能够根据用户输入的问题，从向量数据库中快速检索出最相关的知识片段。为了提高检索的准确性和效率，团队引入稠密检索技术，对检索结果进行进一步的筛选和排序。

续 表

实施阶段	实施内容
生成器与融合机制	生成器负责将检索到的知识片段与用户输入的问题进行融合，并生成最终的回答。团队选择了一个预训练的大模型作为生成器，并通过微调使其更好地适应企业内部的知识领域。在融合机制方面，采用了 LangChain 提供的自定义指令模板，确保生成器能够充分利用检索到的知识，同时保持回答的流畅性和准确性。
系统测试与优化	系统构建完成后，团队进行了多轮测试，包括功能测试、性能测试以及用户接受度测试。通过收集用户反馈和数据分析，团队不断优化系统的检索方法、生成策略以及用户界面，确保系统能够满足员工的实际需求。

经过数月的努力，企业内部智能问答系统正式上线运行。系统上线后，员工的知识获取效率显著提升，复杂问题的解答时间显著缩短。同时，系统的准确性也得到了广泛认可，员工对系统提供的答案满意度极高。

6.3.2 大模型智能体

随着人工智能技术的不断演进，智能体（Agent）作为具备感知、规划与行动能力的技术形态，正逐步成为连接虚拟与现实、理论与实践的重要桥梁。智能体技术通过模拟人类智能的决策与交互过程，实现了从简单任务执行到复杂问题解决的跨越。从 ReAct、AutoGPT 等典型框架的提出，到斯坦福虚拟小镇、MetaGPT 等多智能体系统的创新实践，智能体技术不仅展现了其在自动化、智能化任务处理中的卓越能力，更在构建复杂、灵活且高度适应性的智能生态系统方面展现出无限可能。智能体技术的深入发展，不仅将推动大模型技术向更高层次迈进，更为未来智能社会的构建奠定了坚实基础。

(1) 智能体基本概念

大模型智能体作为人工智能领域的新兴研究方向，正在重塑人机协作范式，推动人工智能系统从被动响应向主动作为的范式转变。它将大型语言模型的强大语言理解能力与自主决策、环境感知、任务执行等能力相结合，构建出能够主动感知需求、规划行动并持续学习的智能实体。这种智能体不仅具备知识推理能力，更能通过与环境交互实现目标导向的行为，标志着人工智能系统向更高级智能形态的演进。

从技术本质来看，大模型智能体是语言模型能力与代理框架的融合创新，它基于预训练语言模型构建认知核心，通过强化学习、规划算法和工具接口扩展行动能力。这种架构使得智能体既能理解复杂语义指令，又能将语言输出转化为具体行动，如自动编写代码、操控机械臂或协调多系统协作。具体而言，智能体通过自然语言接口接收用户指令，利用大模型进行任务解析和意图识别，结合环境感知模块获取实时数据，再通过决策规划系统生成可执行的动作序列，最终通过执行器完成实际操作。这种多模态交互与复杂任务执行能力，使得智能体能够处理传统人工智能系统难以应对的开放世界问题。

智能体的核心能力体现在三个维度：

● 环境感知与理解：通过接入传感器数据、网络API或文档数据库，智能体能实时获取并分析环境状态。例如，在智能家居场景中，智能体可通过物联网传感器感知温度、湿度等环境参数，结合用户习惯数据理解当前需求；在医疗领域，智能体可整合电子病历、实时监测数据和医学文献，构建全面的患者健康画像。

● 决策与规划：基于对当前状态和目标的理解，运用蒙特卡洛树搜索、启发式算法或深度强化学习等方法生成行动序列。例如，在物流配送路径规划中，智能体可综合考虑交通状况、货物优先级等因素，动态调整配送路线以优化效率。

● 执行与反馈：通过调用外部工具或控制设备实现规划目标，并根据执行结果调整策略。这种闭环能力使智能体能在动态环境中持续优化表现。例如，智能客服系统可根据用户情绪反馈调整沟通策略，或自动驾驶系统根据路况变化实时修正行驶轨迹。

大模型智能体的价值不仅在于技术突破，更在于其开创的应用场景。在医疗领域，智能体可整合电子病历、医学文献和实时监测数据，辅助医生制定个性化治疗方案。例如，IBM Watson for Oncology通过分析大量临床案例和医学研究成果，为肿瘤患者提供治疗建议，缩短方案制定时间。在金融行业，智能体能自动分析市场趋势、生成交易策略并执行风险监控。彭博社的金融智能体已能实时处理新闻资讯、财报数据和交易信息，为投资者提供决策支持。在智能制造中，智能体可协调机器人集群完成复杂装配任务，通过动态任务分配和路径规划，极大提升生产效率。这些应用验证了智能体在解决复杂现实问题中的潜力，预示着人机协作将进入新的发展阶段。

值得注意的是，大模型智能体的发展仍面临技术挑战。环境感知的准确性和实时性、决策规划的鲁棒性、执行反馈的闭环效率等问题仍需持续突破。但随着多模态学习、具身智能等技术的进展，大模型智能体正在向更自主、更智能的方向演进。未来，这类智能体有望在更多领域发挥关键作用，推动人工智能技术从实验室走向真实世界的复杂应用场景。

（2）典型智能体框架与应用

大模型智能体的典型框架与应用体系呈现出多元化发展态势，其中ReAct和AutoGPT作为两类代表性架构，分别从任务执行机制与工程化平台维度推动了智能体技术的实用化进程，正日益受到关注。

1）ReAct框架

ReAct是Reason and Act的缩写，该框架强调智能体在动态环境中的推理与行动能力，通过持续的环境感知和即时推理，使智能体能够灵活应对不断变化的环境和任务需求。ReAct框架的核心在于其循环迭代的工作机制：首先，根据当前状态和目标进行推理，生成一系列可能的行动方案；随后，选择并执行其中一个方案，并观察执行结果；最后，根据观察结果更新内部状态，并重复上述推理与行动过程。这种机制使得ReAct智能体能够在复杂环境中自主决策、动态调整，并不断优化其行为策略。ReAct框架已被广泛应用于自动驾驶、灾害救援等领域，展现了其在实时性要求较高的场景中的巨大潜力。

2）AutoGPT

AutoGPT是一种基于GPT模型的智能体开发框架，标志着智能体技术向端到端自动化方向的跨越，推动了智能体技术的实用化进程，通过结合自然语言处理、任务规划和自动化技术，使智能体能够自主执行任务并生成内容。用户只需为AutoGPT设定一个或多个目标，它就能自动拆解任务、规划行动，并通过调用外部工具和服务来完成任务。AutoGPT的核心优势在于其高度的自主性和灵活性，能够根据任务需求动态调整策略，并与其他系统进行无缝集成。AutoGPT已被用于编写代码、生成报告、进行数据分析等多种场景，极大地提高了工作效率和创造力。

ReAct和AutoGPT作为两种典型的智能体框架，各自具有独特的技术特点和优势。ReAct框架强调推理与行动的紧密结合，适用于需要快速适应环境变化的场景；

而AutoGPT则更注重自主性和灵活性，适用于需要处理复杂任务和动态内容的场景。两者在实际应用中均取得了显著成效，为智能体技术的发展和应用提供了有力支持。

（3）从单智能体到多智能体

在人工智能领域，多智能体框架作为一种新兴的技术范式，正逐渐展现出其在复杂系统模拟和智能决策方面的巨大潜力。其中，斯坦福虚拟小镇和MetaGPT作为多智能体框架的典型代表，不仅提供了全新的视角来审视智能体间的协作与交互，更在实际应用中取得了令人瞩目的成果。

斯坦福虚拟小镇是一个由斯坦福大学开发的创新项目，它构建了一个由多个智能体组成的虚拟世界。在这个虚拟小镇中，每个智能体都拥有独特的身份、性格、记忆和目标，它们能够像真实的人类一样生活、工作、社交，甚至进行对话。这些智能体基于大模型驱动，通过自然语言描述生成自己的行为决策和对话内容，从而形成一个复杂而逼真的社会环境。斯坦福虚拟小镇不仅展示了大模型的强大能力，更提供了一个研究智能体间社会行为、情感交流和道德判断的平台。在实际应用中，这种虚拟小镇可以用于模拟城市规划、社会政策制定等场景，帮助决策者更好地理解人类行为和社会动态。

MetaGPT是另一个引人注目的多智能体框架，旨在通过模拟软件公司中的多角色协作流程，完成复杂任务的自动化处理。MetaGPT将标准化操作流程与智能体技术相结合，使多个AI智能体能够像真实团队一样分工合作，显著提升任务执行效率和输出质量。在MetaGPT中，每个智能体都被赋予了特定的角色和职责，如产品经理、架构师、工程师等，它们通过共享环境、标准化输出、发布—订阅机制等方式实现高效协作。这种框架不仅适用于软件开发领域，还可以扩展到数据分析、智能体开发等多个领域，为复杂任务的自动化处理提供了新的解决方案。

斯坦福虚拟小镇和MetaGPT作为多智能体框架的典型应用，各自展现了独特的优势和潜力。斯坦福虚拟小镇通过模拟真实的人类社会行为，提供了研究智能体间社会交互的平台；而MetaGPT则通过模拟软件公司中的多角色协作流程，实现了复杂任务的自动化处理，提高了工作效率和输出质量。

随着人工智能技术的不断进步和应用场景的持续拓展，可以预见，多智能体系统将在城市规划、交通管理、智能制造、金融服务等多个领域展现出巨大的应用潜力。这些系统将能够自主感知环境、做出决策、执行任务，并与人类进行自然流畅的交互，为人们的生活和工作带来前所未有的便利和效率。

思考题

1. 查阅资料并简述传统语言模型与大模型的区别和联系。

2. 简述预训练技术与微调技术的区别。

3. 简述提示学习的目的，以及它与传统机器学习方法的区别。

4. 简述使用大模型时Web访问方式与API调用方式的区别，以及使用API调用的场景。

5. 选择一个特定大模型，对比使用提示词和不使用提示词时的模型输出结果。

6. 若需要使用大模型辅助写一篇关于提示工程的调研报告，简述将这个复杂的任务分解为更适合大模型处理的子任务的思路。

7. 结合图 6.1 与图 6.2，简述思维链技术与思维树技术的区别。

8. 简述检索增强生成（RAG）技术的作用。

9. 查阅资料并简述RAG技术中的检索器与传统信息检索技术的区别和联系。

10. 举例说明智能体应用与RAG应用的区别。

7 知识图谱

知识图谱（Knowledge Graph）是一种以结构化的形式描述现实世界中实体、概念及其关系的语义网络，其核心目标是将分散、异构的知识整合为机器可理解、可推理的全局知识库。它通过“实体—关系—实体”的三元组模型（如“北京—是—中国首都”），将文本、图像、数据库等非结构化或半结构化数据转化为互联的语义网络，从而支撑智能搜索、问答系统、个性化推荐等上层应用。知识图谱不仅是人工智能的“知识底座”，更是实现语义理解与逻辑推理的关键基础设施，广泛应用于医疗、金融、教育等领域。本章介绍知识图谱、知识存储、知识表示、知识抽取等方面的基本思想和代表性方法。

7.1 知识图谱概述

7.1.1 知识图谱的发展历史

知识图谱的演进可追溯至20世纪70年代的语义网络（Semantic Network）理论，其通过节点（实体或属性等概念）和边（实体与实体之间的关系）表示概念间的继承与关联关系，但受限于手工构建的低效性。90年代，万维网的兴起催生了以资源描述框架（Resource Description Framework, RDF）为核心的语义网技术，试图通过标准化三元组模型实现知识互联，但因技术复杂性与数据稀缺未能普及。2012年，Google Knowledge Graph首次将知识图谱应用于搜索引擎，通过结构化知识直接回答用户查询（如“爱因斯坦的生日”），标志着知识图谱进入工业化应用阶段。此后，随着深度学习与知识表示学习的融合，知识图谱逐步突破手工构建的瓶颈，实现从文本中自动抽取知识，并支撑智能助手、推荐系统等场景的落地。

7.1.2 知识图谱的体系结构

知识图谱的体系结构通常分为四层：

● *数据层*：负责从多源异构数据（如文本、数据库、传感器等）中抽取实体、关系及属性。例如，从新闻中抽取“公司—收购—企业”事件。

● *模型层*：通过本体论（Ontology）定义知识的分类体系与约束规则（如“哺乳动物为动物子类”），并结合知识表示学习将实体与关系映射为低维向量，支撑语义相似度计算。

● *存储层*：采用图数据库或三元组库管理知识，支持高效的关联查询与路径推理。

● *应用层*：基于知识图谱构建智能服务，如医疗诊断系统通过遍历“症状—疾病—药物”链路生成治疗方案，或金融风控系统通过分析企业股权网络识别风险传导路径。

这一分层架构实现了从原始数据到知识服务的闭环，体现了知识图谱在数据融合、语义理解与智能决策中的核心价值。

例 7.1 图 7.1 为知识图谱体系结构案例。案例中数据层利用模型层相关技术实现从非结构化文本中提取结构化知识，存储层以表格或者网络等的方式将结构化知识存储至计算机中，应用层利用模型层相关技术实现问答系统。问答系统能够基于存储在计算机内部的知识实现高效、精准的问题回答。

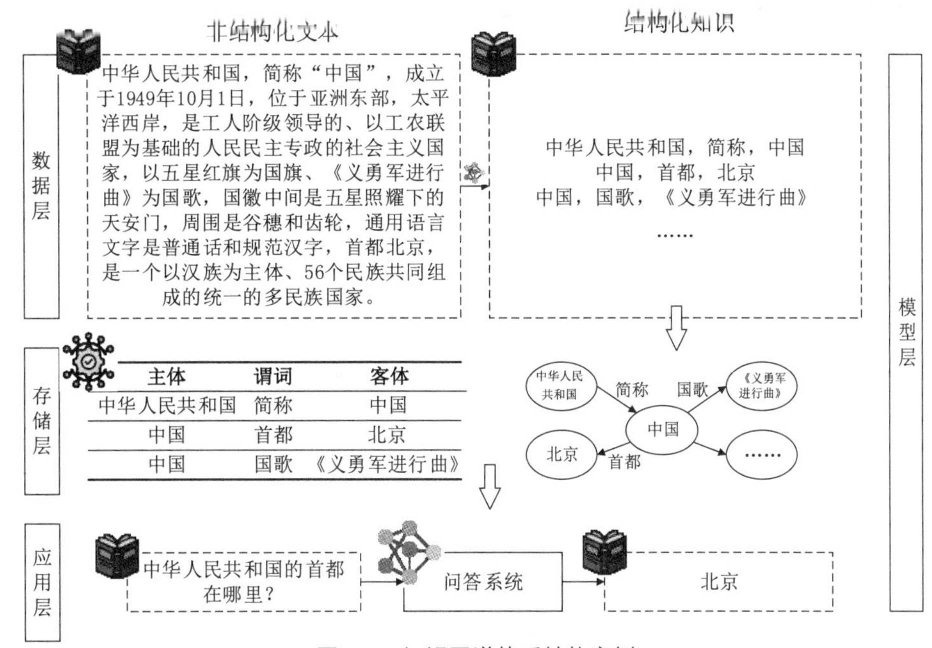

图 7.1　知识图谱体系结构案例

7.2 知识存储

7.2.1 知识存储的基本概念

在智能系统的构建中，知识存储承担着人类记忆与逻辑推理的双重功能，既要持久地保存海量信息，又要为机器提供高效检索、关联分析与推理演算的基础能力。无论是结构化的数据（如数据库表格），还是非结构化的知识（如自然语言文本），均需通过系统化的存储机制实现可管理、可扩展的持久化，并为上层智能应用提供服务。

当前主流的存储方案可归纳为三类，分别体现了不同的知识抽象范式。

- 知识表示框架及查询语言：通过形式化建模语言（如语义网络、本体论等）对知识进行逻辑编码，赋予其明确的语义定义与推理规则。

- 基于表结构的存储方案：依托二维表模型，以行—列结构实现知识的严格对齐与事务化处理。

- 基于网状结构的存储方案：利用节点—边的网状结构，能够直观映射现实世界的复杂关联与动态关系。

这些方案在技术实现上各具特色，下面将深入解析三类方案的核心机制与技术演进脉络。

7.2.2 知识存储方法

（1）知识表示框架及查询语言

知识表示框架通过标准化建模语言对知识进行抽象描述，其核心在于将现实世界的实体、关系及规则转化为机器可理解的语义模型。例如，语义网络（Semantic Network）通过节点和边构建知识的层次化结构，本体论则进一步定义实体间的分类、约束和公理，使得知识不仅具备明确的语义，还能支持逻辑推理。资源描述框架作为此类框架的代表，采用“主体—谓词—客体”三元组模型，将知识分解为原子化的关系单元。例如，“爱因斯坦—提出—相对论”这一三元组，既独立又可通过链接形成复杂的知识网络。

例 7.2 面对“这个网页的作者是张三”这句话，基于资源描述框架的“主体—谓词—客体”三元组模型转化后的三元组结果为（网页，作者，张三），用图形表示为如图 7.2 所示。

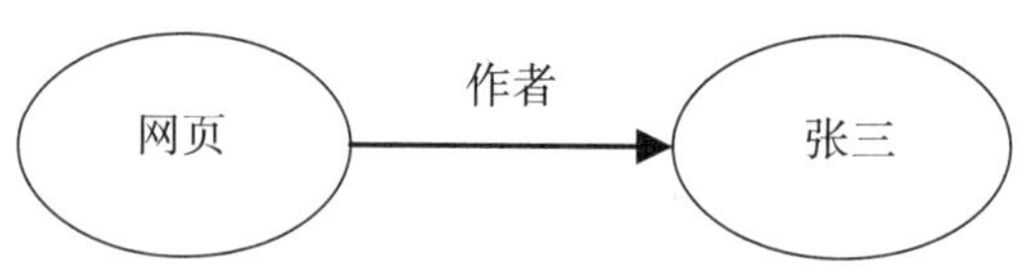

图 7.2 资源描述框架三元组

为了增强表达能力，资源描述框架的扩展语言 OWL（Web Ontology Language）引入了类继承、属性约束和等价关系等逻辑规则，使得系统能够自动推导隐含知识（如“爱因斯坦属于科学家类，而科学家类具有发表论文的属性，因此爱因斯坦具有该属性”）。

配套的查询语言是知识表示框架的另一核心组件。与传统的结构化查询不同，配套的查询语言支持基于图模式的语义匹配，允许用户通过变量绑定和路径表达式灵活检索知识。例如，在医学知识库中，可通过查询“某药物可治疗哪些疾病，且这些疾病的病原体是什么”来推导潜在的药物作用机制。这种能力使得知识表示框架在需要跨领域互联的场景（如语义网、智能问答系统）中表现出色。然而，其局限性在于推理引擎的计算开销较大，且知识建模高度依赖领域专家的参与，标准化程度不足时可能导致知识孤岛。

（2）基于表结构的存储方案

基于表结构的存储方案通过二维表模型组织知识，强调数据的结构化与事务一致性。此类方案通常采用两种模式：一是传统的实体—属性—值（Entity-Attribute-Value, EAV）模型，将实体属性动态映射为表行，适用于属性稀疏或动态变化的场景（如电商产品的多规格参数）；二是直接设计包含主题（subject）、谓词（predicate）、客体（object）三列的三元组表，以类似资源描述框架三元组的形式存储知识。

例 7.3 对于属性动态变化的场景（如电商平台中不同类目商品的参数差异），传统表结构难以预定义固定列（如手机有“屏幕尺寸”、服装有“尺码”）。此时可采用实体—属性—值（Entity-Attribute-Value, EAV）模型（如表 7.1 所示）：

表 7.1 电商商品库动态属性表

实体 ID	属性	值
1001	产品名称	智能手机 X
1001	屏幕尺寸	6.5 英寸
1001	电池容量	4500mAh
2001	产品名称	男士 T 恤
2001	尺码	L
2001	材质	纯棉

此模型允许灵活添加属性，但查询“屏幕尺寸大于 6 英寸且电池容量超过 4000mAh 的手机”时，需对同一实体（实体 ID）的多行数据进行聚合，可能导致自连接性能开销较大，且缺少强类型约束（如“电池容量”可能被错误存储为文本）。

例 7.4 基于表结构的存储方案可以通过设计包含主体、谓词、客体三列的表来存储知识。例如，地理知识库中记录“长江流经江苏省”“江苏省属于中国”等事实时，每条知识对应表中的一行数据（如表 7.2 所示）：

表 7.2 地理知识的三元组表

主体	谓词	客体
长江	流经	江苏省
江苏省	属于	中国
中国	首都	北京

基于上述三元组表，计算机可以通过关联不同实体间的关系实现快速多跳推理。例如，若要查询“长江最终流经的国家的首都”，计算机可通过以下逻辑跳转实现推理：

①找到“长江—流经—江苏省”；

②关联“江苏省—属于—中国”；

③再关联“中国—首都—北京”。

基于表结构的存储方案优势在于其成熟的技术生态，能够高效处理精确匹配、范围查询和聚合统计操作。例如，在金融风控场景中，可快速统计某用户关联的异常交易次数。此外，可视化工具和备份恢复机制也进一步降低了运维复杂度。然而，表结构的刚性模式限制了其扩展性。当知识关系呈现网状或层次化结构时，多表关联查询的性能会随连接次数指数级下降。例如，查询“爱因斯坦的导师的同事的获奖情况”需要多次连接操作，可能导致响应时间激增。同时，表模型难以直接表达属性继承（如“鸟类都会飞，企鹅是鸟类但不会飞”这类例外逻辑），需引入额外的技术间接实现，增加了建模复杂度。

（3）基于网状结构的存储方案

基于网状结构的存储方案将知识表示为由节点（实体）和边（关系）构成的网络。这种设计模仿了现实世界中复杂的关联关系，如社交网络中用户间的互动、生物医学领域药物与疾病的关联等。计算机可以通过“节点—边”的天然结构将数据间的联系直接映射为网络中的连线和节点，无需像传统表结构存储方式那样依赖多表连接，从而大幅提升关联查询的效率。如果把数据比作蜘蛛，图结构就像一张蜘蛛网，用“线”（关系）把“蜘蛛”（数据点）连起来，特别适合处理“谁和谁有关”“这件事影响了哪些人”这类复杂关系问题。

以社交网络分析为例，用户可以作为节点，节点属性可记录用户的年龄、职业等静态信息；用户之间的“关注”“点赞”等行为则作为边，边的属性可以存储互动时间、频次等动态信息。例如，当需要查询“用户A最近一个月互动超过10次的潜在好友”时，基于网状结构的存储方案可以直接找到用户A的所有连接边，筛选出满足时间与频次条件的关系链，整个过程无需反复查询多张表格，时间复杂度更低。这种能力使得基于网状结构的存储方案在实时推荐、反欺诈等场景中表现卓越。

例 7.5 微信朋友圈的好友推荐案例。

假设你想知道“朋友的朋友中，哪些人可能和你有共同兴趣”，用基于图进行存储如下所示：

① 节点（蜘蛛）：每个用户（比如你、你的好友A、好友B）。

② 边（网线）：用户之间的关系（比如“你关注了A”“A关注了B”“B喜欢篮球”）。

查询过程如下所示：

① 找到你直接关注的人（A）；

② 找到A关注的人（B）；

③ 检查B的兴趣是否和你重合（比如都喜欢篮球）。

基于网状结构的存储方案，计算机可以直接“顺着网线”跳转，不用反复查表格，速度极快。该方案基于其底层存储引擎，使得“查找某节点的所有邻居”等操作几乎瞬间完成，显著优于基于表结构的存储方案。

7.3 知识表示

7.3.1 知识表示的基本概念

为了让计算机能够真正“理解”和运用这些知识，比如进行推理、回答问题或者发现新的联系，还需要找到合适的方式来“表示”这些知识，让它们变成计算机可以处理的形式。类比语言学习过程，不仅要记住单词（存储），还要理解单词的含义、用法以及它们如何组成句子（表示）。知识表示就是用计算机能够理解的语言和结构来描述知识。

当前主流的知识表示方法有两类，分别体现了不同的知识表示维度。

- *符号表示方法*：基于离散符号与逻辑规则构建显示知识体系。
- *分布式表示方法*：通过连续向量空间实现隐式语义编码。

这两类方法在技术实现上各具特色，下面将深入解析这两类方法的核心机制与技术演进脉络。

7.3.2 知识表示方法

（1）符号表示

符号表示是最基础也是最直观的一种知识表示方法，其核心思想类似人类使用语言和逻辑符号，试图用文字或标签等明确的符号和规则或框架等预定义的结构来精确地描述现实世界中的实体、概念以及它们之间的相互关系。符号表示方式追求的是知识表达的准确性和无歧义性。

实现符号表示的关键在于定义一套符号体系和相应的组合规则。通常会选用特定的词语或标识符来代表实体。例如，用“爱因斯坦”代表物理学家阿尔伯特·爱因斯坦，用“相对论”代表他提出的理论。同时，选用特定的词语或标识符来表示实体间的关系，比如“提出”。然后，遵循一种固定的句式结构，最常见的就是“主体—谓词—客体”（Subject-Predicate-Object）的三元组形式，将这些符号组合起来，形成一条条结构化的知识陈述。

例 7.6 假设要让计算机理解“北京是中国的首都”这一基本事实。运用符号表示，可以将其构建为一个三元组（北京，是首都，中国）。这里的“北京”是主体，“是首都”是谓词（代表关系），“中国”是客体。这种三元组结构不仅清晰地表达了知识，还可以被直观地可视化为一个简单的图。如图 7.3 所示，可以将实体“北京”和“中国”表示为图中的节点（通常画成圆圈或方框），将关系“是首都”表示为一条从主体节点指向客体节点的有向边（箭头上标注关系名称）。

图 7.3 资源描述框架三元组的图形化表示示例

这种符号表示方式的优点在于其高度的清晰度和直观性，不仅易于人类理解和验证，也为计算机进行精确的逻辑推理提供了坚实的基础。例如，如果知识库中还包含另一条以符号表示的知识（中国，位于，亚洲），计算机就能基于这两条信息，通过逻辑推导得出“北京位于亚洲”的新结论。然而，符号表示也存在其局限性，很大程度上依赖于人工来精心定义符号和规则，构建成本较高，并且难以有效处理那些本质上模糊或不确定的知识。此外，计算机通常难以直接判断两个在符号层面上不同的词语（比如“北京”和“京城”）在语义上是否相似或等价，除非有额外的规则明确指出这一点，这限制了它在处理自然语言多样性方面的能力。

（2）分布式表示

与符号表示用离散、独立的符号来代表知识不同，分布式表示（也常被称为向量表示或嵌入表示）采用了一种更“数学化”和“模糊化”的思路，其核心概念是将知识图谱中的实体（如“北京”“中国”）和关系（如“是首都”）都映射到高维的连续向量空间中，每一个实体或关系都对应空间中的一个点（或一个向量）。分布式表示方式的关键在于试图让语义上相似或相关的实体/关系在向量空间中的位置也相互靠近。

这些词向量通常不是人手工定义的，而是基于人工智能技术的分布式表示方式从大规模数据（如海量的网页文本、书籍内容）中自动学习得到的。在学习过程中，分布式表示方式会分析实体和关系在数据中共同出现的模式，并逐渐调整每个实体和关系的向量，使得相关的向量在空间中聚集，不相关的向量则相互远离。总之，分布式表示方式能够将符号化的知识映射到向量空间中，形成分布式表示。

例 7.7 例如，机器学习模型会发现“北京”经常和“中国”“首都”一起出现，而“巴黎”则常与“法国”“首都”相伴。

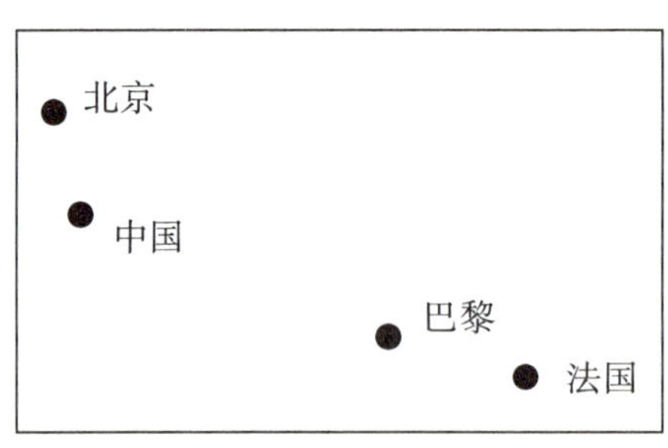

图 7.4 分布式表示示意图[①]

图 7.4 直观地展示了这种学习结果的一个简化示例：在学习到的向量空间中（这里简化为二维平面），代表“北京”的点靠近代表“中国”的点，代表“巴黎”的点靠近代表“法国”的点，而“北京”与“巴黎”或“法国”则相距较远，这正反映了它们在现实世界中的关系远近。

这种向量化的表示方式带来了显著的好处：首先，它可以量化地计算实体或关系之间的语义相似度，只需计算它们对应向量之间的距离（比如欧氏距离或余弦相似度）即可，这对于处理同义词（如“北京”和“京城”的向量会很接近）或进行类比推理（如“北京”之于“中国”≈“东京”之于“日本”）非常有用。其次，这种表示对噪声和数据稀疏性有更好的鲁棒性。然而，分布式表示的一个缺点是其“黑箱”特性，单个向量的某个维度通常没有明确的、可解释的物理或逻辑含义，不像符号表示那样直观。

7.4 知识抽取

7.4.1 知识抽取的基本概念

在海量的文本信息中蕴藏着丰富的结构化知识，但这些知识并不直接呈现给我

① 语义相似的实体在向量空间中距离更近。

们。知识抽取正是一门试图从非结构化或半结构化文本中挖掘有用信息的技术，是构建知识图谱、实现智能问答、支撑搜索引擎理解能力的关键技术之一。

知识抽取大致可以分为实体抽取、关系抽取、事件抽取三个核心任务：

- 实体抽取：通过命名实体识别和指代消解等技术，从文本中定位并分类为原子化知识单元，如人物（张三）、地理实体（长江）、组织机构（中国）等。实体作为知识图谱的节点，其抽取精度直接影响图谱的根基和稳固性。

- 关系抽取：聚焦于挖掘实体间的语义关联，构建"头实体—关系—尾实体"的三元组结构。该任务需克服关系重叠（同一实体参与多个关系）、远监督标注等问题。

- 事件抽取：针对动态演进的现实世界活动，识别事件类型（并购和赛事等）及其要素（参与者、时间、地点），通过事件演化模式挖掘支撑预测分析。

这些任务共同构成知识图谱的本体框架、关联网络和动态维度，下面将深入介绍这三类任务。

7.4.2 知识抽取的核心任务

（1）实体抽取

实体抽取是指从一段自然语言文本中，识别出具有明确语义边界的"实体"。这些实体往往是专有名词，如人名、地名、组织、时间、产品、数值单位等。可以把它想象成教会计算机"看懂"语文课本：人类阅读句子时，天然能识别出"谁在做事""做了什么""发生在哪里"。而对计算机来说，文本最初不过是一串字符。实体抽取的目标就是让计算机能把"李华""云南大学"和"计算机科学"这些名词，从"李华在云南大学学习计算机科学"这样的句子中识别出来，并贴上对应的标签。这就像在文本中加了一层"语义标注"，让后续的关系识别、事件提取、文本理解都建立在"知道这是谁"的基础之上。

实体抽取起步早，方法众多，大致可以分为三类：基于规则的方法、基于统计学习的方法、基于深度学习的方法。

- 基于规则的方法：早期的方法依靠人工编写的词典、模板和正则表达式。例如，识别人名时，可能编写规则："张[某某]""李[某某]"这样的结构被认为是人名。这种方式实现简单，可控性强，但缺乏灵活性，遇到复杂文本或新词时表现不佳。

● 基于统计学习的方法：随着机器学习的发展，许多模型开始引入特征工程（如词性、上下文窗口、词形变化等），利用条件随机场、隐马尔可夫模型等技术训练出更稳健的实体识别模型。这种方式的优点是泛化能力强于规则法，但仍需大量人工特征设计。

● 基于深度学习的方法：近年来，深度学习彻底改变了实体抽取的技术路径。尤其是预训练语言模型的引入，使得模型能够自动学习文本的上下文表示，从而显著提升了识别准确率。例如，结合预训练语言模型和条件随机场就是一种常见的实体抽取框架：先用预训练语言模型提取每个字的上下文特征，再用条件随机场解码出最可能的实体标签序列。

这些方法有一个共同点，它们都把实体抽取建模为序列标注任务，即对一句话中的每一个字或词打上“这是不是某类实体”的标签。

例 7.8 在句子“字节跳动计划在香港设立新的数据中心，总投资达到 30 亿元人民币。”抽取的实体和关系如表 7.3 所示。

表 7.3 实体抽取样例

抽取结果	实体类型
字节跳动	组织
香港	地点
数据中心	机构设施
30 亿元人民币	金额

（2）关系抽取

关系抽取（Relation Extraction），是指从一段文本中识别出两个或多个实体之间的语义关系。如果说实体抽取是告诉我们“谁在场”，那么关系抽取回答“这些人/物之间是什么关系”。关系抽取最终形成一个结构化的三元组，这类三元组非常适合用于构建知识图谱或智能问答系统，因为它们比原始文本更易于存储、计算和推理。关系抽取的目标是在“名词”和“名词”之间加上“动词”，也就是赋予它们某种语义上的连接，使得知识从静态的点变成动态的线。

关系抽取的技术路径，通常假设已经通过实体抽取识别出了文本中的实体，现在的任务是判断它们之间是否存在某种关系，以及是什么关系。近年来，预训练语言模型为关系抽取提供了强大的语义理解能力。典型方法是，将包含两个实体的句子送入预训练语言模型中，并添加特殊标记来标注实体位置，然后训练模型判断它们之间是否存在某类关系。例如，句子“雷军创办了小米公司”，输入模型后，语言模型可判断“雷军”和“小米公司”之间的关系为“创办者”。

例 7.9 在句子“马云创办了阿里巴巴”中，可以抽取如表 7.4 所示的关系。

表 7.4 关系抽取样例

实体 1	实体 2	关系
马云（人名）	阿里巴巴（组织名）	创办者（Founder）

最终形成一个结构化的三元组：（马云，创办，阿里巴巴）。

（3）事件抽取

如果说实体抽取告诉我们“谁在场”，关系抽取告诉我们“它们之间是什么关系”，那么事件抽取就是讲清楚“到底发生了什么事”。事件抽取旨在从自然语言文本中识别出完整的事件结构。这不仅包括事件的类型（如地震、任命、发布、收购等），还包括事件的多个组成部分——事件要素。例如，发生时间，事件的发起者（主体），被影响者（客体），地点，事件的工具、方式、结果、目的等。就像在侦查一件事情时，不仅要知道“谁和谁有关”，还要回答“发生了什么、何时何地、怎么发生的、结果如何”等一整套“案情信息”。一句话总结：事件抽取就是从杂乱的文本中提取出一个个结构化的“新闻摘要”或“事件记录”。

事件抽取通常包含两个核心步骤：触发词识别（Trigger Identification）、要素角色填充（Argument Extraction）。

● 触发词识别：先识别出一个句子中触发事件的关键词或短语。例如，“地震”触发自然灾害事件；“宣布”可能触发声明类事件；“签署协议”可能触发合作类事件。这一步就像在句子中找到“事件的中心”。

● 要素角色填充：在识别出事件之后，系统需要识别与之相关的各个参与要素，即“谁做的、做了什么、对谁做的、在哪儿做的、什么时候做的”等。随着技术发展，事件抽取的方法也从早期的基于规则与模板，演进为基于监督学习、序列标注、多任务模型、图神经网络等深度学习方法，尤其在中文语料上的性能已经取得显著进展。有的系统还支持“多事件抽取”和“跨句事件抽取”，即从一段文字中同时识别多个不同类型的事件，或从多个句子中拼出一个完整事件。

例 7.10 从“华为在 2023 年发布了其首款搭载鸿蒙 4.0 系统的笔记本电脑。”这段话中可以识别如表 7.5 所示的事件。

表 7.5 事件抽取样例

元素类型	内容
事件类型	产品发布
时间	2023 年
主体	华为
对象 / 产品	笔记本电脑
特征 / 附加要素	搭载鸿蒙 4.0 系统

1.举例说明如何搭建知识图谱实现医疗、金融或教育等领域的现实场景应用。

2.在知识图谱的发展历程中，语义网络、资源描述框架RDF和Google Knowledge Graph分别有什么优势？请从技术演进、数据规模和应用需求三方面阐述原因。

3.请简述符号表示和分布式表示在处理“北京”和“京城”这类语义相近但

字面不同的词语时，各自的主要特点和区别是什么。

4.与符号表示和（基础的）分布式表示相比，图神经网络表示主要利用了知识图谱中哪些独特的信息？它是如何利用这些信息来学习实体表示的？

5.请简要说明实体抽取、关系抽取、事件抽取三者的目的，并举一个具体例子来说明它们之间的关系。

8 计算机视觉

计算机视觉（Computer Vision）是人工智能的一个重要分支，旨在使机器能够“看懂”并理解图像和视频，从而进行自动化的分析、识别、处理和决策。它涉及从静态图像到动态视频的处理，涵盖了从低级视觉任务（如边缘检测、图像增强）到高级应用（如物体检测、人脸识别、图像生成等）的一系列技术。在过去的几十年中，计算机视觉已经取得了显著的进展，尤其是在深度学习技术的推动下。现代计算机视觉技术不仅使得机器能够模拟人类视觉系统的部分功能，还实现了许多此前只能依靠人类智能完成的任务，如自动驾驶、医学影像分析和图像生成等。本章主要介绍图像预处理、图像识别、目标检测的基本思想和代表性方法。

8.1 图像预处理

在计算机视觉中，图像预处理是指对原始图像进行处理，以提高后续算法的效果和准确性。预处理的主要目标是去除噪声、优化光照和对比度、统一尺度、减少形态变化对识别的影响。它能增强图像特征，如边缘和纹理，有助于提高模型的识别准确性，同时简化训练过程，提升算法的健壮性。简而言之，图像预处理通过改善图像质量和减少不必要的干扰，为后续任务提供更好的输入，确保更高的算法性能。

8.1.1 数字图像基础

为了让机器能够存储、表示以及操作图像，首先需要了解图像在计算机内部的表示方法，包括模拟图像、数字图像、彩色图像，以及与图像相关的属性信息，即图像分辨率、图像尺寸等。

- 模拟图像：图像是连续的，可以用函数 $f(x,y)$ 表示图像信息。其中，x,y 表示图像空间坐标点的位置；f 表示图像在点 (x,y) 的某种性质的数值，如亮度、灰度、色度等。$f(x,y)$ 可以是任意实数。
- 数字图像：又称数码图像或数位图像，是二维图像用有限数字数值像素的表示。数字图像是由模拟图像数字化得到的、以像素为基本元素的、可以用数字计算机或数字电路存储和处理的图像。通常的二维数字图像是一个矩阵，可以用一个二维数组 $f(x,y)$ 来表示。其中 (x,y) 是二维空间中的某坐标系的坐标，$f(x,y)$ 表示图像在该点处的灰度值等图像信息，如图 8.1 所示。

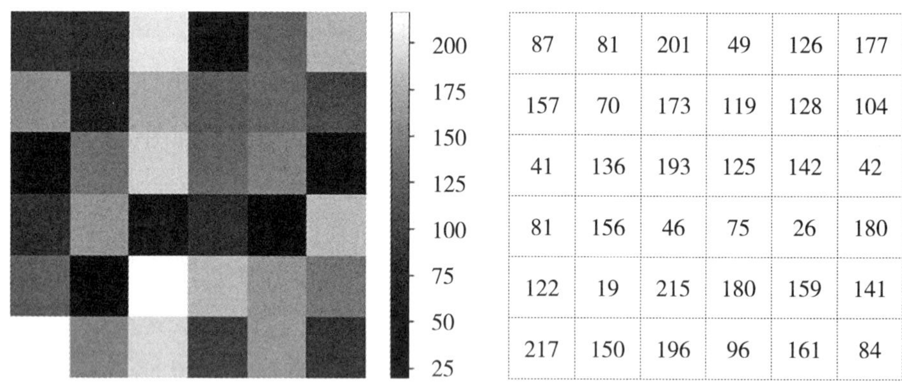

87	81	201	49	126	177
157	70	173	119	128	104
41	136	193	125	142	42
81	156	46	75	26	180
122	19	215	180	159	141
217	150	196	96	161	84

图 8.1　灰度方块图（左）与对应的方块灰度值（右）

- 彩色图像：常用的表示方法为RGB（R表示红色，G表示绿色，B表示蓝色）模型，每个像素由三个颜色通道（红色、绿色、蓝色）组成，每个颜色通道通常用二进制 8 位来表示（表示范围为 $0\sim2^8-1$），因此每个像素可以表示超过 1677 万种不同的颜色，如图 8.2（a）所示。
- 灰度图像：每个像素只有一个灰度值，通常用 8 位（256 个灰度级）来表示。像素的灰度值越高，表示图像越亮，如图 8.2（b）所示。

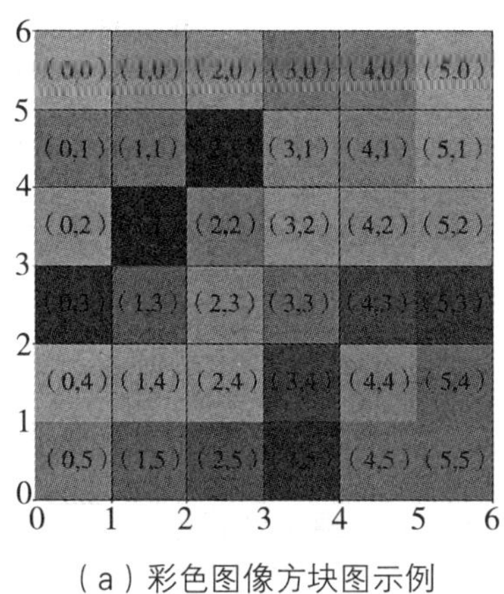

（a）彩色图像方块图示例

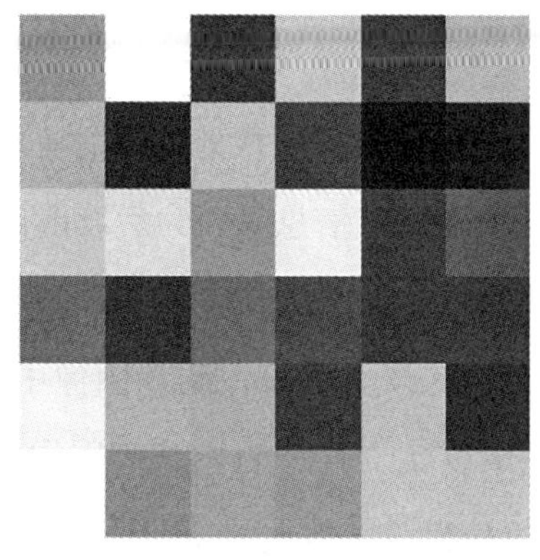

（b）灰度图像方块图示例

图 8.2　模拟图像实例图

● *图像分辨率及尺寸*：图像中每单位长度上的像素数目，称为图像的分辨率，其单位为像素/英寸（Pixels Per Inch, PPI）或是像素/厘米。在相同尺寸的两幅图像中，高分辨率的图像包含的像素比低分辨率的图像包含的像素多，如图 8.3 所示。

（a）高分辨率图示例

（b）低分辨率图示例

图 8.3　图像分辨率示例图

图像的尺寸、图像的分辨率和图像文件的大小三者之间有着密切的联系。图像的尺寸越大，图像的分辨率越高，图像文件也就越大。调整图像的大小和分辨率即可改变图像文件的大小。

人类视觉系统与计算机处理数字图像的方式有很大的不同。人类的视觉系统非常复杂，不仅可以感知颜色、形状、深度和运动，还能进行情境理解和对比。然而，计算机只能通过数学模型来处理图像，主要依赖于像素的值和局部结构特征。这使得计算机在识别图像时缺乏人类的上下文理解和经验。

8.1.2 图像预处理简介

数字图像预处理是数字图像处理中的一个重要环节，其目的在于改善图像的质量、消除噪声、增强特定信息等，为后续的图像分析、特征提取、识别等任务提供良好的基础。预处理通常包括一系列的操作，如灰度化、几何变换、滤波、增强等。

通过采用不同的技术手段，调整图像中每个像素的数值，从而实现对图像大小、颜色等属性的改变。假设$f(x,y)$代表图像中位置为(x,y)的像素点的值，通过将该值乘以 0.5，可以使得该像素点的亮度减半，视觉效果上呈现出图像变暗的效果。如果希望整张图像呈现出相同的变暗效果，则可以对图像中所有像素点的值乘以 0.5。类似的方式也可以用于实现图像的其他效果，如亮度增强、对比度调整等。

图像预处理在计算机视觉中的重要作用，主要体现在帮助机器更有效地识别图像内容。其核心目的是去除图像中的无关信息，恢复图像中的有用细节，增强目标信息的可识别性，同时简化数据结构，以便提高图像处理的效率和可靠性。

图像预处理主要起到以下几方面的作用：

- 提升图像质量：通过优化图像的视觉效果，突出关键信息，使得图像更加清晰，从而为机器识别过程提供更高质量的输入。
- 降低图像复杂性：通过去除图像中的噪声或无关元素，简化图像的内容，使得机器能够更加专注于图像中的重要特征，进而提高识别准确性。
- 增强数据多样性：通过图像增强、变换等方式，生成更多具有代表性的图像样本，这有助于丰富训练数据，提升机器对不同情境下图像的适应性和准确识别能力。

8.1.3 常见的图像预处理方法

（1）几何变换

几何变换（Geometric Transformation）是指对图像中的像素位置进行改变的过程，以达到不同的效果。常见的几何变换包括以下几种：

- 旋转：图像围绕某个点（通常是中心）旋转一定角度。
- 平移：将图像在水平和垂直方向上移动一定距离，改变图像的位置。
- 缩放：改变图像的大小，可以放大或缩小图像。
- 镜像：沿水平或垂直方向翻转图像，生成对称效果。

图 8.4　输入图片示例

例 8.1　对图 8.4 原始“狗”图片进行旋转 45°、平移、缩放、镜像操作，结果如图 8.5 所示。

（a）旋转 45°

（b）平移

（c）缩放

（d）镜像

图 8.5　几何变换示例图

（2）边缘处理（Edge Detection）

边缘检测是图像处理中的一种常见技术，用于识别图像中的显著变化区域，尤其是亮度的急剧变化。边缘通常表示物体的轮廓或图像中的结构。

边缘检测算法常用的有：

- Sobel 算子：用于计算图像的梯度，检测边缘。
- Canny 边缘检测：一种多阶段边缘检测算法，能很好地检测细节。
- Laplace 算子：基于二阶导数的边缘检测，能够检测到边缘的变化。

例 8.2 利用Sobel、Canny、Laplace技术对图 8.4 原始“狗”图片进行边缘处理，结果如图 8.6 所示。

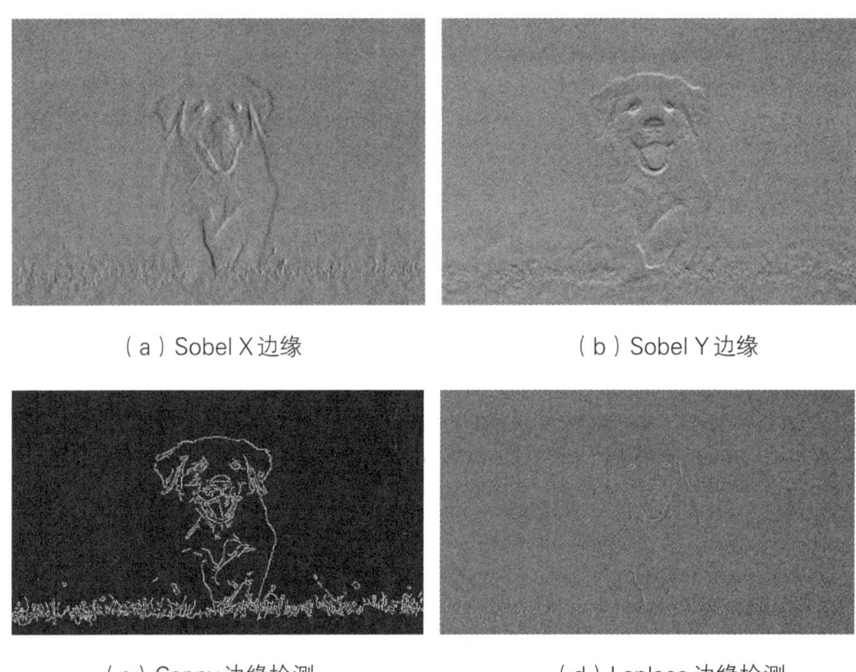

（a）Sobel X边缘 （b）Sobel Y边缘

（c）Canny边缘检测 （d）Laplace边缘检测

图 8.6 边缘检测示例图

通过示例图结果可以看出各算法的差别：

- Sobel X和Sobel Y边缘：展示图像中X方向和Y方向的梯度变化。
- Canny边缘检测：显示通过Canny算法检测的边缘，通常效果较好，边缘清晰。
- Laplace边缘检测：显示Laplace算子检测到的边缘，常用于更细节的边缘提取。

（3）滤波

滤波是图像处理中的一种重要技术，广泛用于去噪、平滑、锐化等任务。滤波操作通常通过卷积操作将一个滤波器（或称为核）应用于图像，以调整图像的像素值。

常见的滤波方法包括：

- 均值滤波：通过计算邻域内所有像素的平均值来平滑图像，消除噪声。
- 高斯滤波：通过高斯函数进行加权平均，去除噪声，同时保留边缘信息。
- 中值滤波：通过计算邻域内像素的中位数来进行滤波，对于去除椒盐噪声非常有效。

● 锐化滤波：增强图像的细节，凸显图像的边缘。

例 8.3 利用均值、高斯、中值、锐化滤波技术对图 8.4 原始“狗”图片进行滤波处理，结果如图 8.7 所示。

（a）均值滤波　（b）高斯滤波

（c）中值滤波　（d）锐化滤波

图 8.7 滤波示例图

8.2 图像识别

8.2.1 图像分类

图像分类是计算机视觉领域中的一项基础任务，其目标是将输入图像划分为预定类别中的一个。在许多应用中，图像分类起着至关重要的作用。例如，手写数字识别（如 MNIST 数据集）、物体识别（如猫与狗的分类）等任务都依赖于图像分类技术。

图像分类技术不仅在学术界得到了广泛研究，还被应用于多个实际领域：

● 手写数字识别：一个经典的图像分类任务，目标是识别输入图像中的手写数字。MNIST 数据集便是此类任务中最著名的数据集之一，它包含了成千上万的手写数字图像。

● 物体识别：这种分类任务的目标是识别并分类图片中的物体。例如，识别图片中是猫、狗，还是其他物体。类似的数据集包括ImageNet和CIFAR-10。

为了训练图像分类模型，通常需要大量的标注图像数据。常见的图像分类数据集包括：

● MNIST：手写数字数据集，包含70000个28*28像素的灰度图像，分别标注为0到9的数字。MNIST是学习图像分类的经典数据集，部分样例如图8.8所示。

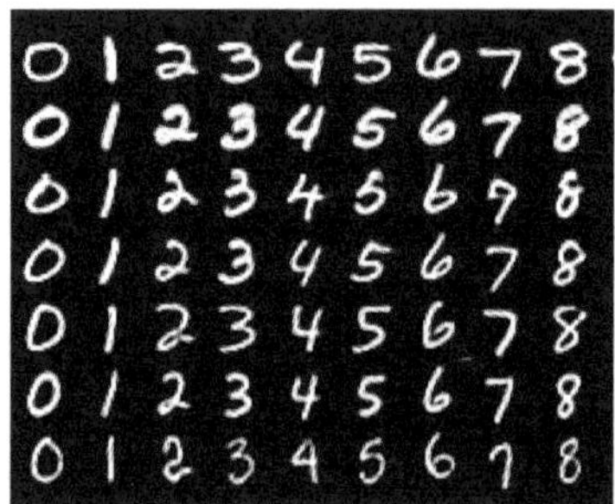

图8.8　MNIST手写数字

● CIFAR-10：包含10个类别的60000张32*32像素彩色图像，用于物体识别任务，类别包括飞机、汽车、鸟类、猫等，部分样例如图8.9所示。

图8.9　CIFAR-10数据集

● ImageNet：ImageNet数据集是一个计算机视觉数据集，是由斯坦福大学的李飞飞教授带领创建的。该数据集包含14197122张图片和21841个Synset索引。Synset是WordNet层次结构中的一个节点，它又是一组同义词集合。ImageNet数据集一直是评估图像分类算法性能的基准。ImageNet数据集是为了促进计算机图像识别技术的发展而设立的一个大型图像数据集。

例 8.4 基于卷积神经网络的手写数字识别的任务，主要目的是：面向MNIST手写体数据集训练出一个模型，让这个模型能够对手写数字图片进行分类。

该任务基于PyTorch深度学习框架，采用卷积神经网络进行手写体识别，最终经过学习的卷积神经网络，能够自动识别输入图片中的数字，如图8.10所示。

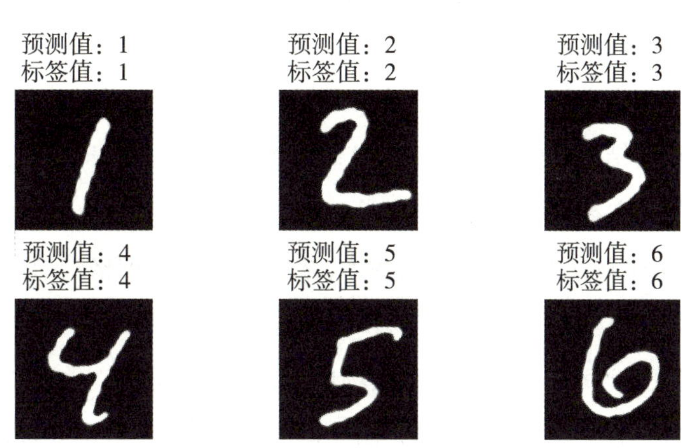

图 8.10 手写数字预测结果

学习后的卷积神经网络在MNIST数据集上能够达到非常高的分类准确率。MNIST实验是深入理解图像分类任务的基础，整个实验过程涉及数据预处理、特征提取、模型训练、优化和评估等基本流程和方法，强调了深度学习模型在处理图像数据时的强大能力，并为后续更复杂的图像分类任务打下基础。

8.2.2 文字识别

光学字符识别（Optical Character Recognition, OCR）技术是将纸质文档或图像中的文本内容转换为可编辑的电子文本格式的技术，广泛应用于文档数字化、车牌识别、银行支票处理、身份证号码提取等多个领域。通过光学字符识别，计算机能够“读取”图像中的字符，并将其转换为可处理的文本信息。

光学字符识别的工作流程通常包括以下几个关键步骤：

① **图像预处理：**对输入图像进行滤波、去噪、二值化等处理，旨在提高图像质量，从而为后续的字符识别提供更清晰的输入。

② **字符分割：**将图像中的文本分割成单个字符或词语。这个步骤对于传统光学字符识别系统至关重要，但在一些深度学习方法中，字符分割可以省略。

③ **特征提取：**从字符图像中提取有效的特征，通常使用卷积神经网络来进行自动特征提取。

④ **分类与识别：**采用机器学习或深度学习方法对提取的特征进行分类，最终输出识别的文本结果。

文本识别是光学字符识别的一个重要子任务，主要任务是从已检测的区域（通常为文本检测后的结果）中提取文本信息，并将其转换为可编辑的文字内容。根据应用场景的不同，文本识别可以分为两类：

● 规则文本识别：主要针对印刷字体、扫描文本等标准格式的文本进行识别。此类文本通常具有规则的字形和结构，因此相对容易进行处理。

● 不规则文本识别：多出现在自然场景中，如街道标牌、手写文本等。这类文本可能存在弯曲、形变、遮挡等问题，因此识别难度较大，如图 8.11 所示。

图 8.11　车牌识别

近年来，基于深度学习的光学字符识别技术已成为主流，尤其是端到端光学字符识别技术。其中，最为典型的两大方法是卷积循环神经网络—光学字符识别（CRNN OCR）和注意力—光学字符识别（Attention OCR）。这两种方法的主要区别在于最后的输出层，决定了如何将网络学习到的序列特征信息转化为最终的文本识别结果。

● CRNN OCR：在特征学习阶段，CRNN OCR采用了卷积神经网络与循环神经网络的组合结构，利用卷积神经网络提取图像特征，并通过循环神经网络对时序特征进行建模。其对齐方式是通过连接时序分类（Connectionist Temporal Classification, CTC）算法实现的，该算法可以处理输入和输出之间的不对齐问题，适用于序列长度可变的文本识别任务。

● Attention OCR：Attention OCR同样采用了卷积神经网络和循环神经网络的网络结构，但在最后的输出层上使用注意力（Attention）机制动态地选择对当前字符预测最相关的图像区域，从而提高识别精度。

8.3 目标检测

8.3.1 目标检测简介

目标检测（Object Detection）是计算机视觉领域中的一个基本任务，旨在从静态图像或视频中识别并定位多个对象。目标检测不仅仅是对图像中物体的分类，还包括物体的位置信息的提取。它的任务通常由两个部分组成：

● 分类：判断图像中的每个目标属于哪个类别。

● 定位：为每个目标在图像中分配一个边界框（Bounding Box），通常表示为矩形框，框住目标物体。

通过这些步骤，目标检测不仅能告知我们图像中存在哪些物体，还能告诉我们这些物体的位置，如图 8.12 所示。这对于许多现实世界的应用至关重要。

图 8.12　目标检测

8.3.2 CTPN 实现场景文字检测

对于复杂场景的文字识别，首先要定位文字的位置，即文字检测。CTPN 是一种经典的文字检测算法，其结合卷积神经网络与长短时记忆网络，能有效地检测出复杂场景中横向分布的文字。效果如图 8.13 所示。

（a）场景文字检测示例 1

（b）场景文字示例 2

图 8.13　场景文字检测示例

文本检测任务本质上属于物体检测的一类，但文本与常规物体的区别较大，因此在方法上也有所不同，尤其是在文本的排列方式、字符之间的间隔等方面。为了有效处理这些差异，CTPN 能够高效地进行文本检测，尤其是在处理长文本、变长序列时，能够通过合并相邻框来实现文本行的识别，在光学字符识别和文档分析等应用中具有重要价值。

8.3.3 场景文本检测与自然语言处理

文本识别能够让计算机从图像或视频中提取文本内容，场景文本检测能够让计算机识别出复杂背景中的文本区域。但是，这些内容往往是没有上下文的独立词语或句子，并不足以使计算机“理解”其含义。因此，文本识别仅仅是理解图像中信息的第一步。要使计算机能够真正理解文本的意义，往往需要借助词法分析、句法分析、语义分析等自然语言理解技术。

- 命名实体识别：使用命名实体识别技术可以识别出文本中的特定实体，如人名、地名、时间等，这对于从实际场景中提取有价值的信息至关重要。例如，在一个街景图像中，文本识别可能会提取出“北京”这个词，通过自然语言处理模型，可以知道这个词代表的是一个地名。
- 场景文本检测：场景文本检测不仅能识别出图像中的文本区域，还能分析文本所在的环境。结合自然语言处理，可以进一步理解这些文本的上下文。例如，通过检测图像中的商店标牌、广告牌或者街道名称，自然语言处理技术可以进一步帮助计算机理解这些文本的功能和含义。

- 图像描述生成：图像描述生成（Image Captioning）可以结合文本检测和自然语言处理技术。通过场景文本检测与图像内容结合，生成描述图像内容的自然语言文本，帮助计算机对图像进行更深入的理解。例如，结合场景文本检测和自然语言处理模型，计算机不仅能识别图像中的文本，还能生成如“这是一张显示北京路标的街景图”的描述。

将文本识别、场景文本检测和自然语言处理技术结合在一起，可以广泛应用于多个领域：

- 智能翻译：通过图像中的文字识别与翻译系统相结合，自动将外文标识或广告牌上的文本翻译成用户语言。
- 自动驾驶：自动驾驶汽车需要快速识别路标、广告牌等场景文本，并理解其中的含义，以做出相应的决策。
- 增强现实：在增强现实应用中，通过对场景中的文本进行检测和理解，计算机可以为用户提供实时的文本信息和帮助。

思考题

1.什么是计算机视觉？它在现实生活中有哪些应用场景？

2.图像预处理的目的是什么？请举出两种常见的预处理方法。

3.数字图像中“分辨率”的含义是什么？高分辨率图像的优势是什么？

4.为什么说计算机处理图像的方式与人类视觉不同？

5.边缘检测的作用是什么？说出一种常用的边缘检测算法。

6.目标检测任务需要完成哪两个子任务？

7.自然语言处理技术如何与计算机视觉结合，提升文本理解能力？

8.列举一个计算机视觉与日常生活结合的实际案例，并说明其技术原理。

9 人工智能行业应用

人工智能作为当今世界最具影响力的技术之一，正在深刻地改变着各个行业的面貌。从工业制造到医疗健康，从金融服务到教育文化，人工智能的应用场景不断拓展，展现出强大的赋能潜力。它通过模拟人类智能的方式，处理和分析海量数据，从而实现自动化决策、优化流程、提升效率和创造新的价值。随着技术的不断进步和成本的降低，人工智能的应用范围将进一步扩大，为全球经济增长和社会发展注入新的动力。然而，人工智能的广泛应用也带来了一系列伦理、法律和社会问题，在推动技术发展的同时，社会仍需加强对其潜在风险的管理和规范，以确保其健康、可持续的发展。随着人工智能技术的快速发展，其在政治、文学、经济学和法学等领域也展现出了巨大的潜在应用价值。

9.1 人工智能在政治学领域的应用

9.1.1 助力国家治理现代化

人工智能技术能够精准了解民众的喜怒哀乐及其他生活偏好，从而为政府提供更精准的公共服务，全面提升民众生活品质。例如，在教育、医疗、养老、环境保护、城市运行、司法服务等领域广泛应用，为丰富、改善人们的生产生活提供了技术支撑。下面是人工智能在国家治理现代化应用中的一个具体案例。

例 9.1 假设某城市政府想要通过人工智能技术提升教育资源的分配效率和质量，以更好地满足不同区域、不同年龄段学生及其家长的教育需求。政府可以利用人工智能算法分析学生的学习成绩、学习习惯、家庭背景等多维度数据，从而实现以下目标：

● 个性化学习计划：为每个学生制订符合其学习进度和兴趣的个性化学习计划，帮助学生更好地掌握知识，提高学习效果。

● 教育资源优化配置：根据各区域学生的需求和教育资源的分布情况，合理分配教师、教材、教学设备等资源，避免资源浪费，确保教育资源的公平分配。

● 教育政策制定参考：通过分析大量教育数据，为政府制定教育政策提供数据支持，如确定哪些区域需要新建学校、哪些学科需要加强师资力量等。

图 9.1 给出了一个简单的机器学习模型，用于根据学生的学习成绩和学习习惯预测其适合的学习计划类型，如基础巩固型和拓展提升型等。该模型也可以作为个性化学习计划制订的初步工具。首先，给出学生的数学成绩、语文成绩、英语成绩、学习时间、课外阅读量等作为特征变量，学习类型作为目标变量。其次，将数据按照 3∶7 的比例划分为训练集和测试集（如表 9.1 所示），通过随机森林算法拟合训练集生成预测模型，并对测试集上的实际数据进行预测和计算准确率。最后，将新学生提供的学习数据输入模型，输出适合的学习计划类型，为教学策略提供参考。

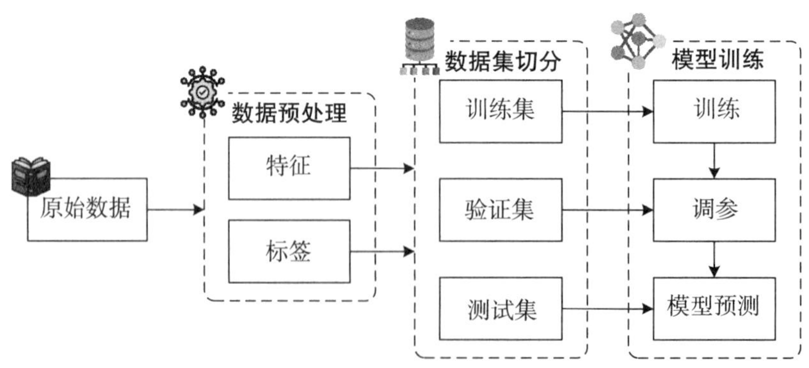

图 9.1　基于机器学习模型的教育资源分配

表 9.1 教育资源分配数据集

数据集切分	特征					标签
	数学成绩	语文成绩	英语成绩	学习时间（小时 / 天）	课外阅读量（小时 / 周）	学习类型
训练集	85	80	90	3	5	1
	90	85	88	4	6	2
	78	75	85	3.5	4	1
	60	65	70	2	3	0
	88	90	80	4.5	7	2
	92	88	92	5	8	2
验证集	75	70	78	3	4	0
	80	78	85	3.5	5	1
测试集	85	82	88	4	6	2
	70	80	80	3	5	1

基于图 9.1 已训练好模型，将新学生的成绩和学习习惯数据[82, 80, 85, 4, 6]输入已训练完成的模型中，可以得到预测结果“学习计划类型”。在实际应用中，政府需要收集更多维度的学生数据，如家庭背景、学习动机、心理状态等，以便全面地了解学生需求。可以尝试使用适当的机器学习模型或深度学习模型进行反向梯度优化，并进行超参数调优，以提高预测准确率。在处理学生数据时，必须严格遵守数据隐私保护法规，确保学生信息的安全。

9.1.2 推动计算政治学兴起

随着第四次工业革命的加速推进，人类文明正在经历快速、大尺度和深层次的数字化转型，这从本体论、认识论和方法论意义上系统地重构着社会科学的研究对象、科学问题和研究范式，将社会科学研究范畴拓展到数字经济、数字社会、数字治理等全新领域，为社会科学理论与方法范式迭代创造了时代机遇。

计算政治学的应用案例有以下几个方面：

● 政府回应性提升：通过挖掘和分析大数据，计算政治学能够识别影响政府回应性的关键因素，帮助政府更高效地响应公民需求。例如，有学者基于北京市 12345 政务热线的海量实时数据，分析发现人口密度、人口复杂度等因素显著影响政府回应性。

● 网络公共空间治理：计算政治学可以识别和追踪虚假信息的传播路径，分析操纵舆论的手法，揭示舆论极化的机制。

● 冲突预测与预防：利用文本分析和机器学习模型，计算政治学能够预测暴力冲突的发生。例如，有学者通过对 70 万篇新闻进行文本分析，结合面板回归模型，成功预测了冲突的发生。

● 政治合作分析：通过分析不同国家的海量数据，计算政治学帮助政策制定者理解国家间关系模式和合作效果。例如，有学者基于 2000—2019 年共建“一带一路”国家的贸易数据，通过社会网络分析法，发现贸易网络结构对区域经济联动具有显著影响。

● 智能体仿真模拟：计算政治学通过构建复杂的仿真模型，模拟社会行为和政策效果。

以下是一个简单的示例，展示如何使用机器学习模型对社交媒体数据进行情感分析，以评估公众对某项政策的态度。

例 9.2 随着数字化转型的加速，社交媒体已成为公众表达意见和反馈的重要平台。政府和政策制定者需要及时了解公众对政策的态度，以便更好地调整和优化政策内容。计算政治学通过结合自然语言处理和机器学习技术，能够高效地从海量文本数据中提取情感倾向，为政策评估提供科学依据。表 9.2 展示了社交媒体上的公众帖子的情感分类数据集，采用与例 9.1 中类似的方式，使用情感分析技术对社交媒体上的公众帖子进行情感分类，从而评估公众对某项政策的态度。本案例通过对社交媒体帖子内容文本向量化处理，按照 3∶7 的比例对数据划分训练集和测试集，利用随机森林或者朴素贝叶斯分类器进行情感分类，对帖子内容评析出整体倾向是消极还是积极的，并对测试集上的实际数据进行预测和计算准确率。这不仅有助于政府及时调整政策方向，还能增强政府与公众之间的互动，提升政策的透明度和公众满意度。

表 9.2 社交媒体情感分析数据集

特征：帖子内容	标签：学习类型
政府的新政策真好，解决了我们很多问题！	1
这个政策太差了，完全没考虑我们的需求。	0
新政策还不错，希望能够继续改进。	1
完全不同意这个政策，太不合理了。	0
政策很好，希望能够推广到更多地区。	1

基于已训练好的模型，将新帖子["这个政策太棒了，非常支持！"]输入已训练完成的模型中，可以得到预测结果 “情感标签”。

上述例子有以下几点需特别说明：

● 数据收集与处理：在实际应用中，需要从社交媒体平台收集大量文本数据，并进行预处理，如去除噪声、分词，去停用词等。

● 模型选择与优化：可以根据具体任务选择不同的机器学习模型或深度学习模型，并进行超参数调优以提高模型性能。

● 隐私保护：在处理社交媒体数据时，必须严格遵守数据隐私保护法规，确保用户信息的安全。

9.1.3 政策评估与政策传播模式优化

大语言模型等生成式人工智能被广泛应用于选举预测、情感分析、政策影响评估和错误信息检测等政治科学任务中。

● 选举模拟：通过对海量社交媒体数据和民意调查数据的分析，预测选举结果和公众对政策的态度，为政治决策提供参考。例如，在选举预测方面，大语言模型可以从多种社交媒体平台获取用户信息和发布的内容构建数据集。同时，根据用户发布内容生成人口属性标签，构建大规模选民池。然后根据真实世界的人口统计结果，从选民池中采样进行选举模拟。

● 用户画像：生成式人工智能技术能够通过分析海量数据，深入了解目标公民群体的偏好、兴趣、使用习惯和语言风格。利用ChatGPT等模型强大的自然语言处理能力对社交媒体数据、在线行为记录等进行分析，能够构建出详细的用户画像。这些画像不仅包括基本的人口统计信息，还涵盖了公民的政治倾向、关注热点以及信息消费习惯等，为精准传播提供了坚实基础。基于这些详细的用户画像，生成式人工智能可以制定一对一或一对多的精准营销策略。

● 自动编写个性化文案和广告：生成式人工智能技术可以自动生成初步的文本内容，包括新闻报道、社交媒体帖子、广告文案等。这些内容可以根据预设的主题、风格和目标受众进行定制，并通过机器学习不断优化。例如，ChatGPT可以根据输入的关键词和主题，快速生成吸引人的标题和引人共鸣的文案。

● 精准投放：生成式人工智能技术可以在公民惯用的社交媒体平台上进行精准投放。通过分析用户的社交媒体使用习惯，这些技术可以确定最佳的投放时间和渠道，确保信息能够精准触达目标受众。同时，由于市场环境和用户兴趣的不断变化，生成式人工智能能够实时响应这些变化，迅速调整文案和投放策略，保持信息的时效性和针对性。

例 9.3 某地方政府计划推广一项新的环保政策，旨在提高公众对垃圾分类的参与度。为了确保政策的有效传播，政府决定利用生成式人工智能技术制定精准的政策传播策略。具体要求如下：

● 数据收集：通过社交媒体分析、在线调查和用户行为数据，收集目标公民群体的偏好、兴趣、使用习惯和语言风格。

● 生成个性化文案：利用生成式人工智能技术，根据收集到的数据生成个性化的文案和广告。

● 精准投放：根据目标群体的社交媒体使用习惯，将生成的文案和广告精准投放到相应的平台。

本案例根据定义的目标受众特点（如年龄、兴趣、喜好语言和社交媒体使用习惯），利用大语言模型生成适合特定群体的广告文案，然后在指定的平台上进行模拟投放，如图 9.2 所示。当输入信息如下时：

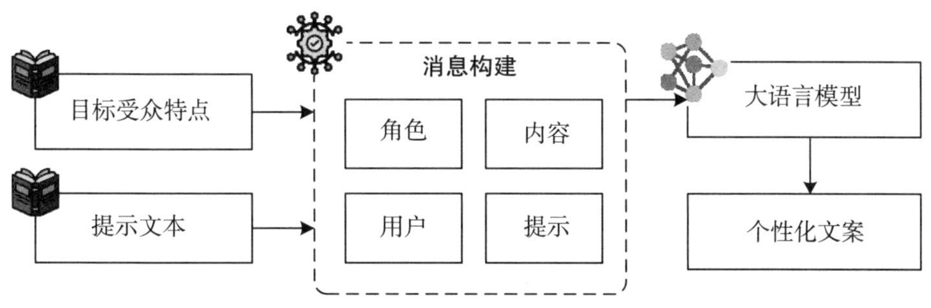

图 9.2 基于大语言模型的个性化文案生成

● 目标受众特点：{"age_group": "25-35", "interests": ["环保", "可持续发展", "健康生活"], "preferred_language": "中文", "social_media_platforms": ["微博","微信", "抖音"]}

● 提示文本：生成一段关于垃圾分类的宣传文案，目标受众为{audience['age_group']}岁，兴趣包括{', '.join(audience['interests'])}，使用{audience['preferred_language']}，适合在{', '.join(audience['social_media_platforms'])}上发布

● 使用模型：GPT-3.5-turbo

则基于大语言模型产生的个性化文案为：

亲爱的朋友们，让我们一起行动起来，为地球的未来贡献一份力量！垃圾分类不仅是一种环保行为，更是一种健康生活的态度。通过简单的分类，我们可以减少垃圾对环境的污染，保护我们共同的家园。让我们从现在做起，从身边的小事做起，让垃圾分类成为我们生活的一部分。加入我们，一起创造一个更美好的世界！#垃圾分类 #环保 #可持续发展

基于这种个性化的内容生成，可以模拟精准投放并进行优化，以模拟在目标群体常用的社交媒体平台上投放文案，帮助运营人员更精准地进行宣传活动，提高广告效果。

9.1.4 模拟政治行为动态

从政治科学的角度，大语言模型在模拟行为动态方面发挥着重要作用。它可以模拟不同政治情境下的行为模式，帮助政治学者更好地理解政治现象和预测政治发展趋势。

例 9.4 在选举预测和政策评估中，了解选民对不同党派的态度及其投票倾向至关重要。大语言模型可以通过模拟选民的行为和态度，帮助研究人员预测选举结果和评估政策影响。具体要求如下：

- 数据收集：从社交媒体和民意调查中收集与选举相关的数据。
- 模拟选民行为：使用大语言模型生成模拟选民（ “硅基人” ），并根据真实选民的特征进行训练。
- 行为分析：通过模拟选民对不同问题的回答，分析其政治倾向和投票行为。
- 预测与评估：利用模拟结果预测选举结果，并评估政策对选民倾向的影响。

该案例创建了一个字典，其中包含了一些个人信息，如年龄、性别、政治立场和党派，还有兴趣爱好，这些信息被用来生成模拟选民的回答。此外案例中还构造了一个提示prompt，将用户的问题嵌入其中，并通过OpenAI的API从response中获取生成后的文本，如图 9.3 所示。当输入信息如下时：

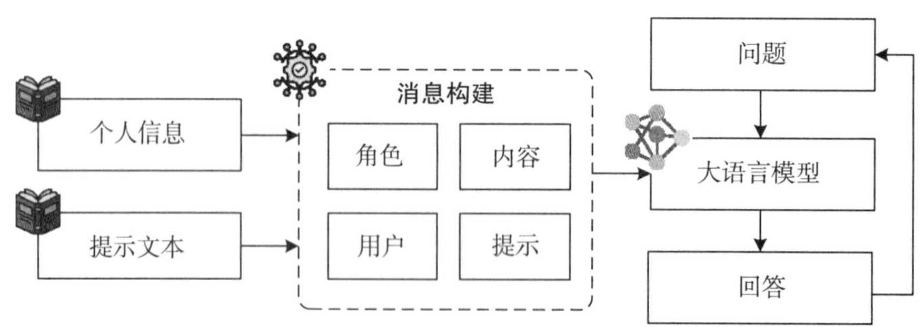

图 9.3 基于大语言模型的选民行为和态度分析及其投票倾向预测

- 个人信息：{"age": 35, "gender": "female", "political_ideology": "liberal", "party_affiliation": "democrat", "interests": ["healthcare", "climate change", "education"]}
- 提示文本：你是一位{profile['age']}岁的{profile['gender']}，政治立场为

{profile['political_ideology']}，党派为{profile['party_affiliation']}，关注{','. join (profile['interests'])}。请回答以下问题：{question}

● 问题：["你对当前的医疗保健政策有何看法？", "你认为应对气候变化的措施是否足够？"," 你对教育改革有何建议？"]

● 使用模型：GPT-3.5-turbo

基于上述输入，大语言模型能够基于问题执行相应的回复，得到以下结果：

问题：你对当前的医疗保健政策有何看法？

回答：我认为当前的医疗保健政策还有改进的空间，尤其是在扩大覆盖范围和降低成本方面。

问题：你认为应对气候变化的措施是否足够？

回答：我认为应对气候变化的措施还不够，我们需要更积极的政策来减少碳排放和保护环境。

问题：你对教育改革有何建议？

回答：我建议增加对教育的投入，特别是对贫困地区的支持，以确保所有孩子都能获得良好的教育。

通过大语言模型模拟选民的行为和态度，政治学者和政策制定者可以更好地理解选民的需求和关注点，从而制定更有效的政策和传播策略。这种方法不仅提高了政治传播的精准度，还为选举预测和政策评估提供了科学依据。

9.2 人工智能在文学领域的应用

9.2.1 文学创作辅助

人工智能可以帮助作家进行创作灵感的激发和文本生成。例如，通过分析大量的文学作品，人工智能可以为作家提供情节构思、角色设定、语言风格等方面的建议，甚至可以自动生成一些初步的文本内容，供作家进一步创作和修改。

一方面，人工智能可以通过对海量文学作品的深度分析，精准地捕捉到不同文学流派、风格以及经典作品的内在规律。基于这些分析结果，它能够为作家提供丰富的情节构思建议。无论是奇幻冒险故事中惊险刺激的关卡设置，还是爱情小说里细腻动人的情感转折，人工智能都能凭借其强大的数据处理能力，挖掘出新颖且独特的创意点。同时，在角色设定方面，它可以根据故事类型和主题需求，帮助作家塑造出具有鲜明个性和成长轨迹的人物形象。从人物的外貌特征、性格爱好，到其背后的家庭背景、社会关系，都能给出详细的参考方案，使角色更加立体、真实。

另一方面，人工智能在语言风格的把握上也表现出色。它可以模仿不同作家的笔触，无论是简洁明快的现代风格，还是华丽典雅的古典风格，抑或是充满诗意的抒情风格，都能精准呈现。这使得作家在创作过程中能够快速找到适合作品整体风格的语言表达方式。更令人惊叹的是，人工智能还具备自动生成初步文本内容的能力。它可以依据作家提供的主题、情节大纲或关键词等信息，生成一段具有一定连贯性和逻辑性的文本。这些文本虽然可能还需要进一步的创作和修改，但无疑为作家提供了宝贵的素材基础，大大节省了创作前期的构思时间，让作家能够将更多精力投入到对作品深度和艺术性的打磨上。人工智能在文学创作辅助领域的应用，不仅能为作家们提供丰富的创作资源，还能极大地拓展文学创作的边界，让文学创作变得更加高效、多元和富有创意。

例 9.5 图 9.4 模拟了人工智能辅助文学创作的过程。首先创建了三个预定义的列表，包括情节构思、角色设定、语言风格，每个列表中都有不同语句的描述；然后，在创作时从三个列表中各随机选取一个描述，嵌入到预定的提示文本中；基于提示，人工智能模型能够生成一段文学创作。

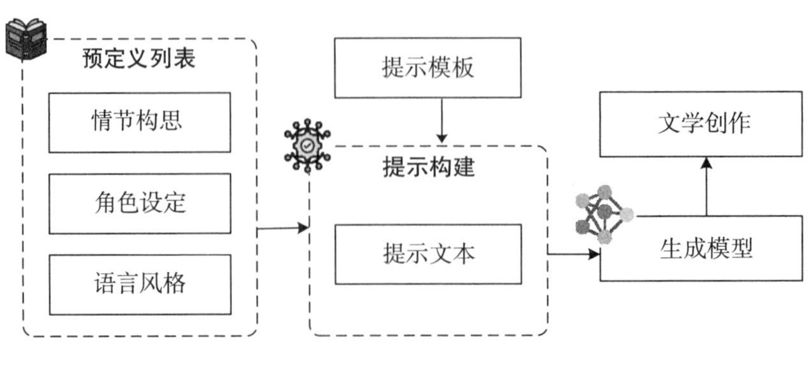

图 9.4　文学创作辅助

具体实现过程如下：

● 情节构思（plot）: ["一个失落的王子寻找失落的王国", "在一个未来世界中，人类与机器人共存", "一位年轻的魔法师试图拯救被黑暗力量笼罩的村庄",...]

● 角色设定（character）：[{"name": "艾丽丝", "role": "勇敢的女战士", "background": "来自一个被战争摧毁的村庄"}, {"name": "杰克", "role": "聪明的发明家", "background": "在大城市中长大，擅长机械和电子"},...]

● 语言风格（style）：["古典文学风格，使用华丽的辞藻和复杂的句式", "现代简洁风格，语言简洁明了", "浪漫主义风格，注重情感表达和自然描写", "科幻风格，充满未来感和科技元素,...]

● 提示模板：在一个遥远的世界里，{plot}。故事的主角是{character['name']}，一位{character['role']}。{character['background']}。在这个充满挑战的旅程中，{character['name']}将面对各种困难和抉择。整个故事采用{style}，让读者仿佛置身于一个充满魅力和神秘的世界。

随机选择三个列表中的不同描述与提示模板结合，引导大语言模型生成的内容如下所示：

在一个遥远的世界里，在一个未来世界中，人类与机器人共存。故事的主角是杰克，一位聪明的发明家。在大城市中长大，擅长机械和电子。在这个充满挑战的旅程中，杰克将面对各种困难和抉择。整个故事采用科幻风格，充满未来感和科技元素，让读者仿佛置身于一个充满魅力和神秘的世界。

在实际应用中，可以结合更复杂的人工智能模型（如基于深度学习的自然语言处理模型）来实现更高级的功能。

9.2.2 文学作品分析

利用人工智能的自然语言处理技术，可以对文学作品进行深度分析，包括主题挖掘、情感分析、风格识别等。通过对大量文学作品的分析，可以发现文学发展的规律和趋势，为文学研究提供新的视角和方法。人工智能在文学作品分析领域的应用主要体现在以下几个方面：

- 主题挖掘：揭示文学作品的核心思想。主题挖掘是自然语言处理技术在文学研究中的重要应用之一。通过对文学作品的文本内容进行分析，自然语言处理模型能够识别出作品中反复出现的核心概念和主题。例如，在分析一部史诗级的奇幻小说时，自然语言处理技术可以快速识别出“勇气”“牺牲”“正义”等主题，帮助研究者理解作品的深层含义。这种技术不仅适用于单部作品的分析，还可以对大量文学作品进行批量处理，从而揭示出某一时期或某一文学流派的共同主题。例如，通过对19世纪英国文学作品的分析，研究者可以发现“工业化与人性”“社会阶层与阶级斗争”等主题在当时文学中的普遍性，从而更好地理解那个时代的社会背景和文化氛围。

- 情感分析：洞察文学作品的情感表达。情感分析是自然语言处理技术在文学研究中的另一项重要应用。通过对文学作品中词汇、句子和段落的情感倾向进行分析，自然语言处理模型能够揭示作品所传达的情感色彩。例如，在分析一首爱情诗时，情感分析技术可以识别出诗中表达的喜悦、忧伤、渴望等情感，并通过量化的方式呈现出来。这种技术可以帮助研究者更深入地理解作品的情感深度和复杂性。此外，情感分析还可以应用于对文学作品的接受研究。通过对读者评论和反馈的情感分析，研究者可以了解作品在不同读者群体中的情感共鸣，从而评估作品的影响力和传播效果。例如，通过对一部热门小说的读者评论进行情感分析，研究者可以发现读者对作品中某些情节的喜爱或不满，进而为文学创作提供有价值的反馈。

- 风格识别：分析文学作品的艺术特色。风格识别是自然语言处理技术在文学研究中的又一重要应用。通过对文学作品的语言风格、句式结构、词汇选择等方面进行分析，自然语言处理模型能够识别出不同作家的独特风格。例如，通过对莎士比亚和简·奥斯汀的作品进行风格识别，研究者可以发现莎士比亚作品中丰富的修辞手法和华丽的语言风格，而简·奥斯汀的作品则以简洁明快、幽默机智的语言风格著称。这种技术不仅可以用于对单个作家风格的研究，还可以对不同文学流派的风格进行比较分析。例如，通过对浪漫主义和现实主义文学作品的风格识别，研究者可以发现浪漫主义作品中对自然和情感的强烈表达，而现实主义作品则更注重对社会现实的细致描写。通过这种比较分析，研究者可以更好地理解不同文学流派的艺术特色和发展脉络。

● *发现文学发展的规律和趋势*：通过对大量文学作品的深度分析，自然语言处理技术能够揭示文学发展的规律和趋势。例如，通过对不同历史时期文学作品的主题、情感和风格进行分析，研究者可以发现文学发展的阶段性特征。在文艺复兴时期，文学作品中对人性的探索和对古典文化的复兴成为主流；而在现代主义时期，文学作品则更多地关注个体的内心世界和社会的异化现象。通过这种对历史数据的分析，研究者可以更好地理解文学发展的内在逻辑和外在影响因素。此外，自然语言处理技术还可以对当代文学作品进行实时分析，帮助研究者及时捕捉文学发展的新趋势。例如，通过对近年来网络文学作品的分析，研究者可以发现网络文学在主题选择、情感表达和语言风格上的独特性，以及其对传统文学的冲击和影响。这种实时分析能力为文学研究提供了动态的视角，使研究者能够更好地把握文学发展的时代脉搏。

● *为文学研究提供新的视角和方法*：自然语言处理技术为文学研究提供了全新的视角和方法。传统的文学研究主要依赖于研究者的主观解读和文本细读，这种方法虽然能够深入挖掘作品的内涵，但在处理大量文本时往往效率较低，且容易受到研究者主观偏见的影响。而自然语言处理技术则通过算法和模型对文本进行客观分析，能够快速处理大量文本数据，并从中提取有价值的信息。这种技术的应用不仅提高了文学研究的效率，还为研究者提供了更全面、更客观的研究视角。例如，在研究某一文学流派的发展历程时，自然语言处理技术可以通过对大量作品的分析，提供该流派在不同历史阶段的主题演变、情感倾向和风格变化的量化数据，帮助研究者更准确地把握该流派的发展脉络。此外，自然语言处理技术还可以与其他学科的研究方法相结合，为文学研究带来跨学科的视角。例如，通过将自然语言处理技术与社会学、心理学等学科的研究方法相结合，研究者可以从更广泛的角度理解文学作品与社会文化背景之间的关系，从而为文学研究提供更丰富的理论支持。

人工智能的自然语言处理技术为文学研究带来了前所未有的机遇。通过对文学作品的深度分析，自然语言处理技术不仅能够揭示作品的主题、情感和风格，还能够发现文学发展的规律和趋势，为文学研究提供新的视角和方法。随着技术的不断发展和应用的不断深入，自然语言处理技术将在文学研究领域发挥越来越重要的作用，推动文学研究进入一个新的时代。

例 9.6 图 9.5 展示了基于情感分析模型的文本情感分析案例。首先给定一段文本描述，然后使用情感分析模型对文本的情感进行预测。预测的结果包括情感极性和主观性两个维度。根据分类结果数值来判断情感倾向程度。

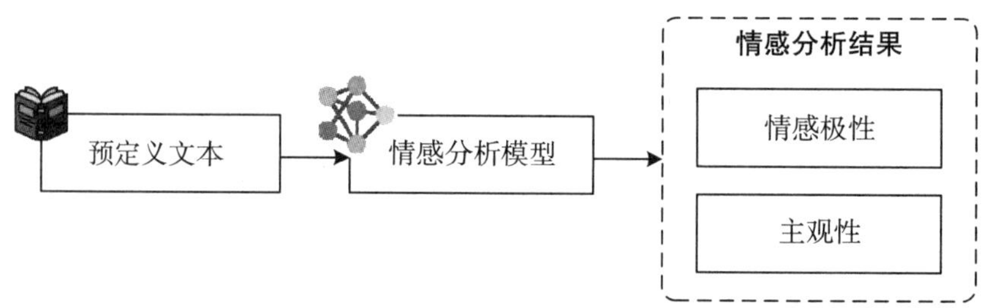

图 9.5 使用TextBlob进行情感分析

当输入信息如下时：

- 预定义文本：在那遥远的地方，有一个人在等待。他的心中充满了希望，但也有一丝忧伤。阳光洒在大地上，照亮了前行的道路。每一步都显得那么沉重，仿佛背负着整个世界。
- 情感分析模型：TextBlob （一个情感分类模型）

预定义文本作为情感分析模型输入时，情感分析模型能够在情感极性和主观性两个维度上进行结果预测，结果为：情感极性为–0.1；主观性为 0.35。

9.2.3 文学翻译

人工智能翻译技术可以实现不同语言之间的文学作品翻译，提高翻译效率和质量。虽然目前的翻译技术还不能完全替代人类翻译，但在一些简单的文学作品翻译中已经取得了较好的效果。人工智能翻译技术的最大优势之一是其能够快速处理大量文本。传统的文学翻译通常需要译者花费大量时间和精力来逐字逐句地翻译，而人工智能翻译系统可以在短时间内完成初步翻译。例如，对于一部中篇小说，人类译者可能需要数周甚至数月的时间来完成翻译，而人工智能翻译系统可以在几分钟内生成初步译文。这种高效的翻译能力使得文学作品能够更快地跨越语言障碍，进入不同的文化市场，让更多的读者能够及时阅读到不同语言的优秀作品。

除了效率之外，人工智能翻译技术在翻译质量上也取得了显著进步。现代的翻译系统，如基于深度学习的神经机器翻译，能够通过分析大量的双语语料库来学习语言的结构和表达方式。这使得它们能够生成更加自然、准确的译文。例如，在翻译诗歌时，人工智能翻译系统能够更好地捕捉原文的韵律和意境，生成更具文学性的译文。一些先进的系统还能够根据上下文进行智能调整，避免了传统机器翻译中常见的逐词翻译错误。

尽管人工智能翻译技术取得了显著进展，但它仍然无法完全替代人类翻译。人类译者在处理复杂的文学作品时，能够凭借其对语言的深刻理解和对文化的敏感度，捕捉到原文的细微情感和深层含义。例如，在翻译一些具有深刻文化内涵的文学作品时，人类译者能够更好地处理其中的文化隐喻和历史背景。因此，人工智能翻译技术与人类翻译的结合将是未来文学翻译的发展方向。人类译者可以利用人工智能翻译系统提供的初步译文，进行进一步的润色和调整，从而提高翻译的整体质量。随着技术的不断进步，人工智能翻译技术在文学作品翻译中的应用将更加广泛和深入。未来的研究将集中在提高翻译系统的文化适应性和情感表达能力上。例如，通过引入更多的文化背景知识和情感分析技术，人工智能翻译系统将能够更好地处理具有文化特色的文学作品，生成更具感染力的译文。此外，人工智能翻译技术还可以与增强现实和虚拟现实技术相结合，为读者提供更加沉浸式的跨语言文学体验。

例 9.7 图 9.6 展示了使用googletrans机器翻译模型实现文学作品的自动翻译。

googletrans模型的输入为一段文学作品中的文本：

It was the best of times, it was the worst of times,

It was the age of wisdom, it was the age of foolishness,

It was the epoch of belief, it was the epoch of incredulity,

It was the season of light, it was the season of darkness,

It was the spring of hope, it was the winter of despair.

模型的输出为翻译后的结果：

这是最好的时代，这是最坏的时代，
这是智慧的时代，这是愚蠢的时代，
这是信仰的时代，这是怀疑的时代，
这是光明的季节，这是黑暗的季节，
这是希望的春天，这是绝望的冬天。

同时，该案例也对比了人工翻译的结果：

这是最好的时代，也是最坏的时代；
这是智慧的年代，也是愚蠢的年代；
这是信仰的时期，也是怀疑的时期；
这是光明的季节，也是黑暗的季节；
这是希望的春天，也是失望的冬天。

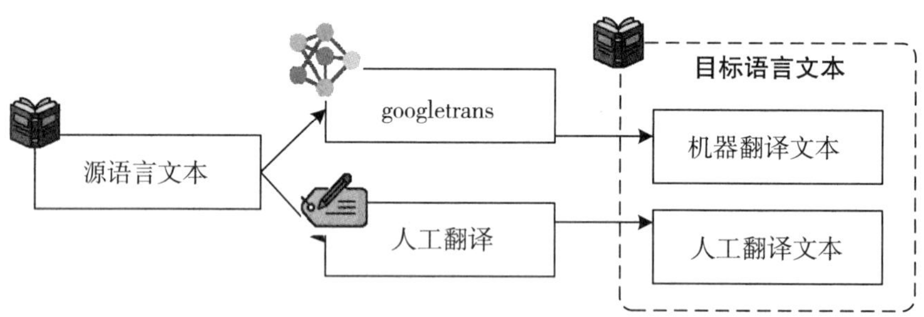

图 9.6　文学翻译案例：使用googletrans库进行自动翻译

从输出结果可以看出，机器翻译的结果虽然基本传达了原文的意思，但在语言表达上可能不如人工翻译流畅和自然。例如：

- 机器翻译：“这是最好的时代，这是最坏的时代”
- 人工翻译：“这是最好的时代，也是最坏的时代”

人工翻译在处理并列结构时更加灵活，添加了“也”字来增强语句的连贯性。

虽然机器翻译在处理简单文本时已经取得了较好的效果，但在文学作品翻译中，人工翻译仍然具有不可替代的优势。机器翻译可以作为初步翻译的工具，而人工翻译则可以在其基础上进行润色和优化，以达到更高的文学翻译水平。

9.3 人工智能在经济学领域的应用

9.3.1 赋能经济学理论革新与实践跃迁

人工智能正在重塑经济学的每一个角落，从理论研究到政策制定，从市场分析到个体决策。经济学家如果忽视这场技术革命，就如同 19 世纪的经济学家拒绝统计学，或 20 世纪的学者无视计量经济学一样，将逐渐被时代淘汰。人工智能正在改变人类对经济世界的理解与实践，其核心原因体现在下面这五个方面。

（1）经济预测：从“后视镜”到“实时导航”

传统的经济预测模型依赖历史数据的线性关系，难以应对突发冲击（如疫情、金融危机）。而人工智能可以处理海量实时数据——搜索引擎趋势、卫星图像、电力消耗、招聘信息等——构建动态的经济“仪表盘”。例如，阿里云的经济预测人工智能融合物流、电力、企业注册等数据，使GDP增速预测误差从传统模型的±3%降至±0.5%。

（2）行为经济学：从“实验室假设”到“真实世界实验”

传统行为经济学依赖可控实验，但样本量有限，且受试者行为可能失真。人工智能却能分析数亿人的真实决策数据，揭示人类经济行为的深层规律。例如，电商数据显示，拼多多用户的“折扣敏感度”随收入变化的速度比理论预测快 40%，挑战了经典的价格弹性假设。A股论坛情绪分析发现，散户的社交媒体讨论情绪对次日小盘股波动的解释力高达 73%（R^2=0.73），远超传统基本面指标。

（3）政策制定：从“宏观调控”到“精准施政”

传统经济政策（如降息、财政刺激等）往往是“一刀切”，而AI能帮助政府精准识别目标群体，优化政策效果。例如，深圳数字人民币试点前，政府用多智能体仿真测试不同发放策略，发现向餐饮业定向投放的刺激效果是制造业的 2.3 倍。浙江失业救助系统通过机器学习匹配求职者与岗位，使救助金使用效率提升 58%，减少“撒胡椒面”浪费。

（4）市场失灵：人工智能如何破解“看不见的手”的局限？

市场失灵是经济学经典难题，如信息的不对称和外部性等，而人工智能为其提供了新的治理工具，部分案例如表 9.3 所示：

表 9.3 针对市场失灵的人工智能治理工具

市场失灵类型	人工智能解决方案	案例
信息不对称	区块链 + 智能合约自动执行	重庆生猪保险：价格触发自动理赔
外部性	传感器网络量化污染成本	雄安新区碳足迹实时监测与定价

（5）经济学教育：技能重构与理论革新

人工智能正在改变经济学家的培养方式。对经济学家提出了更高的要求和挑战。在技能需求方面，美国经济学会调查显示，73%的博士项目新增Python/R语言必修课。也对经济学家提出了理论挑战。深度学习发现的价格黏性机制挑战新凯恩斯模型，甚至有人质疑“理性预期”假设是否仍适用。

综上所述，人工智能不是替代经济学家，而是升级经济学。人工智能不会让经济学家失业，但会用人工智能的经济学家可能会让不用人工智能的经济学家失业。这场变革的核心，是让经济学从“基于假设的推演”转向“基于数据的发现”，同时保留经济理论的解释力。人工智能不是经济学的终点，而是新起点的催化剂。拒绝它的经济学家，可能会像当年嘲笑凯恩斯的古典学派一样，被历史悄然遗忘。

在人工智能全覆盖的现代经济学应用领域，经济学家需要掌握基础数据技能，如Python、机器学习入门；经济学家需要具备批判思维，警惕数据偏差，如人工智能贷款模型可能复制社会歧视；经济学家需要拥抱跨学科合作，与计算机科学家、政策制定者共建“可解释、可监管”的人工智能经济系统。

9.3.2 人工智能驱动下的经济分析

人工智能技术在国内金融行业的应用已经深入到各个业务环节。从风险管理到客户服务，人工智能正在重塑传统金融业务的运作模式。下面将详细介绍国内典型应用场景，并提供更完整的代码示例。

（1）智能风控与信用评分

理解机器学习经济规律的最佳案例莫过于信用卡风险评分系统的演进。早期的信用评分依赖于经济学家设计的固定规则：收入水平、负债比、信用历史等十几个结构化变量。而现代人工智能信用评分则展现了完全不同的技术路径。

1）某国有银行的人工智能风控系统

某国有银行将人工智能引入银行风险控制系统中，从数据特征和动态学习机制等方面实现了传统方法无法实现的细粒度和动态性。风控系统分析了客户超过 5000 个行为特征，包括细粒度消费模式（是否经常在加油站和便利店小额消费）、资金流转特征（工资到账后第几天开始理财）、时空行为规律（经常活动的商圈等级）。

相比传统模型，违约识别准确率提升 37%，优质客户误判率下降 52%，首次实现对新市民群体的精准评估，如利用手机缴费、共享单车等方式替代数据。这个案例揭示了人工智能学习经济规律的本质，它不是简单拟合数据，而是通过海量特征组合和持续迭代，发现人类难以察觉的复杂模式。就像 AlphaGo 发现围棋新定式一样，人工智能正在重新定义我们对信用风险的认知框架。

2）蚂蚁集团“芝麻信用”系统

蚂蚁集团的芝麻信用是国内最成熟的信用评分系统之一，它整合了来自支付宝、淘宝、外部合作方的数千个数据维度，包括支付行为（消费频率、金额分布）、履约历史（花呗还款记录、水电煤缴费）、身份特质（学历信息、职业稳定性）、人脉关系（社交网络质量）、行为偏好（消费类型、理财习惯）等。

该系统采用了“三层递进”的混合模型智能架构，日均处理超过 100 亿条数据，能够在秒级完成信用评估。2022 年数据显示，芝麻信用已为超过 4 亿用户提供服务，坏账率比传统银行低 30% 以上。

（2）智能投顾与资产管理

1）华泰证券“明鉴”智能投研平台

华泰证券研发的“明鉴”智能投研平台重新定义了证券研究的工作模式。该平台构建了覆盖 4000 余家上市公司的全息数据库，不仅包含传统的财务指标，还通过自然语言处理技术解析年报、研报中的非结构化数据，提取出管理层情绪和行业竞争态势等 128 个特色因子。其核心的收益预测模块采用Transformer架构，通过注意力机制捕捉不同市场环境下因子间的非线性关系，在回测中显示对未来 60 日收益率的预测准确率达到 63%，远超传统多元回归模型 45% 的水平。

在实际业务中，最显著的成效体现在两方面：一是自动化研报系统能够根据事件触发自动生成分析报告，将原先需要 40 小时人工完成的工作压缩至 2 小时内完成，2023 年累计产出研究报告 1.2 万份；二是基于强化学习的组合优化器，通过动态调整资产权重，使人工智能增强组合的年化收益率达到 18.7%，较传统组合高出 6.4 个百分点，同时将最大回撤控制在 14.2%，展现出更好的风险收益特性。

2）南方基金的“智慧投研系统”

在公募基金领域，南方基金的“智慧投研系统”通过融合另类数据创造了差异化优势。系统接入了卫星遥感数据、港口货运量、企业用电量等非传统指标，结合长短期记忆神经网络构建行业景气度预测模型。以新能源行业投资为例，通过分析光伏企业生产基地的夜间灯光数据变化，较财报提前 2~3 个月发现产能扩张信号，在 2023 年成功捕捉到两轮行业 beta 机会，相关主题基金年度收益跑赢基准指数 15 个百分点。

（3）金融数据修复

大数据并不是万能的，往往数据的质量比数量更重要。虽然人工智能处理大数据能力惊人，但经济学应用中最深刻的教训恰恰来自对数据质量的反思。中国 2019 年 GDP 统计修正事件提供了经典案例。

某省级统计局使用企业联网直报数据（日均 10TB）训练人工智能模型预测 GDP，发现制造业增长率异常偏高。经核查发现两方面的问题：

● 数据污染：企业为满足政策奖励，将非生产性收入（如拆迁补偿）计入主营业务。

● 概念混淆：部分平台经济收入被重复计算（如网约车司机收入既计入平台又计入个人）。

国家统计局启动“数据质量提升工程”，建立三级校验规则：机器校验（如投入产出逻辑检查）、人工抽样、卫星遥感验证。开发了数据血缘追踪系统，标记非常规波动，如某市突然新增百家同类小微企业。引入非传统数据交叉验证（用电量、货运量等）。

修正后全国GDP总量下调1.2%，但数字经济占比从21.6%上调至23.7%，催生《统计大数据应用规范》国家标准。

这个案例凸显了经济学应用人工智能的黄金准则：没有优质数据，再先进的算法也是空中楼阁。特别是在中国转型经济背景下，数据质量挑战更为复杂，包括地区竞争导致数据扭曲、传统统计分类不适用、2019—2023年共享经济统计口径调整了5次等。

经济学家必须建立“数据批判思维”：既要善用人工智能处理海量信息，更要保持对数据生成机制的制度性洞察。正如诺贝尔经济学奖得主安格斯·迪顿所言：“大数据需要更大的理论，而非更小的理论。”

（4）监管科技与合规创新

人工智能正成为金融监管的核心驱动力，一些人工智能在该领域的创新实践不仅大幅提升了监管效能，更重塑了传统监管模式，标志着我国金融监管已全面进入智能化时代。未来，随着大模型等新技术的应用，人工智能将为防范金融风险、维护市场稳定提供更强大的技术支撑。

中国人民银行主导建设的“天眼”智能监管系统，代表着监管科技的最前沿实践。该系统接入了全国4000余家金融机构的实时交易数据，构建了日均处理量达PB级的流式计算平台。在核心技术层面，有两项突破尤为突出：一是采用改进的孤立森林算法，通过构建500棵决策树组成的森林，能够有效识别异常资金流动模式，将洗钱交易发现时间从原来的72小时缩短至11分钟；二是构建了包含监管规则、行政处罚案例等要素的知识图谱，支持“监管规定—业务条款—交易行为”的三层关联分析，使监管报告的自动化生成比例达到75%。2023年，该系统累计发现跨市场违规交易线索137起，涉及金额超300亿元，同时将金融机构的合规人力投入减少了40%，真正实现了“科技赋能监管”的目标。

在证券监管领域，上海证券交易所的“公司画像”系统通过人工智能技术提升了信息披露监管效能。系统运用深度学习方法，对上市公司公告进行多维分析：利用卷积神经网络识别财务报表异常科目，通过循环神经网络检测管理层讨论的语义矛盾，结合图神经网络分析关联方交易网络。实践表明，该系统能够提前3个月预警财务造假风险，在2023年发现的42起信息披露违规案例中，有38起后续被证实存在问题，准确率达到90%，极大提升了资本市场的透明度和公信力。

9.4 人工智能在法学领域的应用

人工智能的迅猛发展正在深刻改变法律系统的运作方式，带来效率提升、准确性增强、法律创新和可及性扩展等多方面的机遇。人工智能技术通过自动化合同审查、法律研究和量刑辅助等应用，大幅提高了法律工作的效率和准确性；同时，智能法律咨询和法律科技创业推动了法律服务的创新，降低了法律服务的成本，使更多人能够获得法律支持。

9.4.1 人工智能助力法律工作者

法律领域的从业者必须密切关注人工智能发展，因其正在深刻重塑法律行业生态、挑战传统法律框架并定义未来法律服务形态。

人工智能技术已深度渗透法律实践的核心环节。法律文书自动化工具可在数分钟内完成合同审查、起诉书起草等基础工作，效率较人工提升70%以上。智能案例检索系统（如ROSS、LexisNexis AI）通过自然语言处理技术，能在秒级时间内完成传统团队数小时的判例分析。据2023年Clio法律科技报告，采用人工智能工具的律所案件处理效率平均提升42%，客户满意度提高28%。

人工智能正在打破法律服务的经济和地域壁垒，法律服务更加民主化。聊天机器人（如DoNotPay）为低收入群体提供免费法律咨询，已成功处理超200万起交通罚单、租房纠纷等案件。中国“移动微法院”等数字化平台使偏远地区民众的诉讼成本降低60%，案件处理周期缩短45%

9.4.2 人工智能赋能法治现代化的路径探索

人工智能正深刻变革法律行业。从智能合同审查到司法预测，从在线纠纷解决到立法辅助，人工智能技术显著提升了法律服务的效率与质量。本节系统梳理了人工智能在法律领域的八大核心应用，包括文件处理、合规管理、普惠服务等，既展示技术创新成果，也探讨算法偏见等现实挑战，为法律从业者提供全面的人工智能应用指南。

● *法律文件智能化处理*：人工智能在法律文件处理领域展现出强大能力。合同智能审查系统采用自然语言处理和深度学习技术，能在3分钟内完成200页合同分析，识别隐藏条款准确率达94%，将漏检率从15%降至2%。某跨国律所应用后，尽职调查时间从40小时缩短至3小时。文书自动生成技术基于海量模板库和案件要素，实现裁判文书初稿80%的自动生成率，在抚养费计算等专业领域准确率达到98%，使法官文书修改工作量减少60%。这些技术不仅提升了效率，更通过标准化输出确保了法律文书质量。

● *司法预测与辅助决策*：司法预测系统通过分析3000万份以上的历史判例，结合法官背景和社会舆情数据，构建起多维预测模型。其刑期预测误差控制在±6个月内（危险驾驶类案件准确率91%），赔偿金额预测误差不超过12%。中国"206系统"整合3000余个量刑要素，在试点法院的采纳率达87%，将量刑偏离度从18%降至7%。但需注意算法可能过度矫正合理裁量差异的问题。美国COMPAS系统的实践表明，算法偏见可能造成不同群体间的误差差异达23%，这要求系统设计必须包含纠偏机制。

● *法律研究与知识管理*：智能检索系统实现从关键词到语义理解的跨越，使法律研究时间从2.1小时缩短至25分钟，结果相关度提升30%。知识图谱技术将海量裁判文书转化为可视化关系网络，成功识别出"未缴社保"与"经济补偿"间92%的隐含关联，并能动态追踪法律修订的行业影响。北大法宝的"类案推演"功能可自动生成案例对比报告，这些工具共同构成现代法律研究的数字基础设施，使法律工作者能从海量信息中快速提取有效知识，显著提升研究深度和效率。

● *在线纠纷解决*：在线纠纷解决机制通过人工智能调解平台实现革命性突破。系统自动解析证据材料、匹配历史案例并推送最优方案，使纠纷处理成本从180元降至9元，用户满意度达87%。智能合约在租房等标准化领域表现突出，通过自动执行条款使违约率下降35%，但其适用性仍限于约35%的简单合约场景。英国HMCTS在线法院的实践表明，这种模式特别适合小额纠纷解决，在保持高效率的同时确保程序公正，为“接近正义”提供了创新路径。

● 合规与风控管理：现代合规系统每日扫描 200 余个全球监管源，某跨国药企借此避免 1.2 亿欧元罚款。反洗钱模型通过交易异常（35%权重）、时间规律（18%权重）等多维特征分析，将误报率从 72%降至 29%，检出率提升至 83%。这些系统已形成完整工作链：从实时监测、变化分类到影响评估，最终生成可执行清单。有效的人工智能合规系统必须与企业业务深度结合，仅靠通用规则难以应对特定行业的监管复杂性，这要求法律人与技术人员密切协作。

● 电子证据分析：电子证据审查技术实现从抽样到全量的转变。相比传统关键词搜索 65%的准确率，自然语言处理与深度学习方案将准确率提升至 93%。某反垄断案件中，人工智能系统 2 小时定位到关键邮件证据，而人工需 3 周。图像增强技术遵循严格司法标准，将车牌识别率从 12%提升至 89%，同时满足可审计性要求。这些技术进步正在重塑证据审查范式，但必须确保符合证据规则，如完整保留原始数据哈希值等，这对数字时代的司法公正至关重要。

● 普惠法律服务：法律咨询机器人通过意图识别实现规模化服务，日均处理 1.2 万次咨询，简单问题解决率达 92%。无障碍服务技术覆盖 98%方言区，实现 99.7%的文书盲文转换准确率，AI生成的手语视频帮助听障人士理解法律术语。北京某法援中心数据显示，这些创新使特殊群体咨询量增长 300%，真正打破了法律服务的地理和经济壁垒。

● 立法政策辅助：立法影响评估模型为政策制定提供科学依据。欧盟通过CGE模型预测《数字市场法》将使科技巨头合规成本增加 17%~23%。条文优化系统扫描 5000 余部法律，识别出《中华人民共和国民法典》与特别法的冲突点，为《中华人民共和国个人信息保护法》修订提供支持，最终减少 41%的法规冲突。这些技术推动立法工作从经验主导转向数据驱动，但决策者必须理解模型的局限性，避免过度依赖算法输出。

法律人工智能的发展已跨越单纯效率工具的阶段，正在重构法律服务的基础范式。技术层面，Legal-BERT、图神经网络等模型展现出处理复杂法律语义关系的强大能力；应用层面，从合同审查到政策模拟的完整技术链已然形成；伦理层面，对抗学习、联邦学习等技术为平衡效率与公平提供了新思路。未来法律人工智能将呈现三大趋势，包括多模态融合处理法律全要素数据、小样本学习降低标注成本和可解释算法满足司法透明要求。但必须清醒认识到，人工智能永远无法替代法律工作者的价值判断和伦理抉择。唯有构建“人类主导、人工智能增强”的协同体系，才能真正实现科技与法治的良性互动。

思考题

1.请阐述人工智能在司法审判中的应用现状及其可能带来的优势和风险。

2.如何看待人工智能在司法等领域中面临的伦理风险？

3.人工智能在文学创作领域如何能够生成具有某位作者特定风格的作品？请简要说明其过程。

4.请分析人工智能技术在金融风险评估、投资决策中的应用现状和优势。

5.请列举2~3类人工智能在你生活或专业领域中的应用，并分析其优缺点。

参考文献

［1］BENGIO S，VINYALS O，JAITLY N，et al. Scheduled Sampling for Sequence Prediction with Recurrent Neural Networks［C］//Proceedings of the 29th International Conference on Neural Information Processing Systems，2015：1171–1179.

［2］BISHOP C M，NASRABADI N M. Pattern Recognition and Machine Learning［M］. New York：Springer，2006.

［3］CAO L. Ai in Finance：Challenges，Techniques，and Opportunities［J］. ACM Computing Surveys，2022，55（3）：1–38.

［4］GONZALEZ R C，WOODS R E. Digital Image Processing （4th Edition）［M］. London：Pearson，2018.

［5］GOODFELLOW I，BENGIO Y，COURVILLE A. Deep Learning［M］. Cambridge：MIT Press，2016.

［6］HAGENDORFF T. The Ethics of AI Ethics：An Evaluation of Guidelines［J］. Minds and Machines，2020，30（1）：99–120.

［7］HOGAN A，BLOMQVIST E，COCHEZ M，et al. Knowledge Graphs［J］. ACM Computing Surveys，2021，54（4）：1–37.

［8］JAMES G，WITTEN D，HASTIE T，et al. An Introduction to Statistical Learning：with Applications in R （2nd Edition）［M］. New York：Springer，2021.

［9］JIANG P，ERGU D，LIU F，et al. A Review of YOLO Algorithm Developments［J］. Procedia Computer Science，2022（199）：1066–1073.

[10] JORDAN M I, MITCHELL T M. Machine Learning: Trends, Perspectives, and Prospects [J] . Science, 2015, 349 (6245) : 255–260.

[11] KAELBLING L P, LITTMAN M L, MOORE A W. Reinforcement Learning: A Survey [J] . Journal of Artificial Intelligence Research, 1996 (4) : 237–285.

[12] KEVIN P. Probabilistic Machine Learning: Advanced Topics [M] . Cambridge: MIT Press, 2023.

[13] KHURANA D, KOLI A, KHATTER K, et al. Natural Language Processing: State of the Art, Current Trends and Challenges [J] . Multimedia Tools and Applications, 2023, 82 (3) : 3713–3744.

[14] KÜBLER S, MCDONALD R, NIVRE J. Dependency Parsing [M] . Cham: Springer International Publishing, 2009.

[15] LAN Y, HE G, JIANG J, et al. Complex Knowledge Base Question Answering: A Survey [J] . IEEE Transactions on Knowledge and Data Engineering, 2022, 35 (11) : 11196–11215.

[16] LANGE K. Optimization (2nd Edition) [M] . New York: Springer, 2013.

[17] LECUN Y, BENGIO Y, HINTON G. Deep Learning [J] . Nature, 2020, 521 (7553) : 436–444.

[18] LI Z, LIU F, YANG W, et al. A Survey of Convolutional Neural Networks: Analysis, Applications, and Prospects [J] . IEEE Transactions on Neural Networks and Learning Systems, 2021, 33 (12) : 6999–7019.

[19] LIU P, YUAN W, FU J, et al. Pre-train, Prompt, and Predict: A Systematic Survey of Prompting Methods in Natural Language Processing [J] . ACM Computing Surveys, 2023, 55 (9) : 1–35.

[20] MUKHAMEDIEV R I, POPOVA Y, KUCHIN Y, et al. Review of Artificial Intelligence and Machine Learning Technologies: Classification, Restrictions, Opportunities and Challenges [J] . Mathematics, 2022, 10 (15) : 2552.

[21] MURPHY K P. Probabilistic Machine Learning: An Introduction [M] . Cambridge: MIT Press, 2022.

[22] NICKEL M, MURPHY K, TRESP V, et al. A Review of Relational Machine Learning for Knowledge Graphs [J] . Proceedings of the IEEE, 2015, 104 (1) : 11–33.

[23] OYEWOLE G J, THOPIL G A. Data Clustering: Application and Trends [J] . Artificial intelligence review, 2023, 56 (7) : 6439–6475.

[24] PAULHEIM H. Knowledge graph refinement: A Survey of Approaches and Evaluation Methods [J] . Semantic Web, 2016, 8 (3) : 489–508.

[25] RUSSELL S, NORVIG P. Artificial Intelligence: A Modern Approach (4th Edition) [M] . Hoboken: Pearson, 2021.

[26] SHNEIDERMAN B. Bridging the Gap between Ethics and Practice: Guidelines for Reliable, Safe, and Trustworthy Human-centered AI Systems [J] . ACM Transactions on Interactive Intelligent Systems, 2020, 10 (4) : 1–31.

[27] SZELISKI R. Computer Vision: Algorithms and Applications (2nd Edition) [M] . Berlin: Springer Nature, 2022.

[28] VASWANI A, SHAZEER N, PARMAR N, et al. Attention Is All You Need [C] //Proceedings of the 31st International Conference on Neural Information Processing Systems, 2017: 6000–6010.

[29] VOULODIMOS A, DOULAMIS N, DOULAMIS A, et al. Deep Learning for Computer Vision: A Brief Review [J] . Computational Intelligence and Neuroscience, 2018 (1) : 1–13.

[30] WANG Q, MAO Z, WANG B, et al. Knowledge Graph Embedding: A Survey of Approaches and Applications [J] . IEEE Transactions on Knowledge and Data Engineering, 2017, 29 (12) : 2724–2743.

[31] WANKHADE M, RAO A C S, KULKARNI C. A Survey on Sentiment Analysis Methods, Applications, and Challenges [J] . Artificial Intelligence Review, 2022, 55 (7) : 5731–5780.

[32] WISEMAN S, SHIEBER S M, RUSH A M. Challenges in Data-to-Document Generation [C] //Proceedings of the 2017 Conference on Empirical Methods in Natural

Language Processing，2017：2253–2263.

［33］WU Z，PAN S，CHEN F，et al. A Comprehensive Survey on Graph Neural Networks［J］. IEEE Transactions on Neural Networks and Learning Systems，2020，32（1）：4–24.

［34］XI Z，CHEN W，GUO X，et al. The Rise and Potential of Large Language Model Based Agents：A Survey［J］. Science China（Information Sciences），2025，68（2）.

［35］XU W，OUYANG F. A Systematic Review of AI Role in the Educational System Based on A Proposed Conceptual Framework［J］. Education and Information Technologies，2022，27（3）：4195–4223.

［36］ZEKOS G. Political，Economic and Legal Effects of Artificial Intelligence［M］. Cham：Springer，2022.

［37］冯洋，邵晨泽. 神经机器前沿综述［J］. 中文信息学报，2020，34（7）：1–18.

［38］李航. 统计学习方法（第 2 版）［M］. 北京：清华大学出版社，2019.

［39］李立宗. OpenCV 轻松入门：面向 Python（第 2 版）［M］. 北京：电子工业出版社，2023.

［40］刘挺，秦兵，张宇，等. 信息检索系统导论［M］. 北京：机械工业出版社，2008.

［41］邱锡鹏. 神经网络与深度学习［M］. 北京：机械工业出版社，2020.

［42］帅天平，“四融合”模式下的“最优化理论与算法”课程教学改革探索［J］. 教育进展，2023，13（10）：4567–4573.

［43］覃立波，黎州扬，娄杰铭，等. 任务型对话系统中的自然语言生成研究进展综述［J］. 中文信息学报，2022，36（1）：1–11+20.

［44］王东，马少平. 人工智能通识［M］. 北京：清华大学出版社，2025.

［45］王昊奋，漆桂林，陈华钧. 知识图谱：方法、实践与应用［M］. 北京：电子工业出版社，2022.

［46］王硕，杜志娟，孟小峰. 大规模知识图谱补全技术的研究进展［J］. 中国科学：信息科学，2020，50（4）：551–575.

［47］王万良. 人工智能导论（第 5版）［M］. 北京：高等教育出版社，2023.

[48] 王万良. 人工智能通识教材（第 2 版）[M]. 北京：清华大学出版社，2022.

[49] 宗成庆. 统计自然语言处理（第 2 版）[M]. 北京：清华大学出版社，2013.

[50] 张艺博，刘彧. 人工智能通识 [M]. 北京：高等教育出版社，2025.

[51] 周志华. 机器学习 [M]. 北京：清华大学出版社，2016.